Thomas Röser

Stationenlernen Mathematik

Reelle Zahlen – Gleichungen – Pythagoras – zentrische Streckung – quadratische Funktionen

9. Klasse

Der Autor:

Thomas Röser ist ein erfahrener Realschullehrer. Er hat zahlreiche Fachpublikationen veröffentlicht.

Der Herausgeber:

Frank Lauenburg studierte Geschichte und Sozialwissenschaften auf Lehramt für Gymnasium an der Universität in Rostock und arbeitet zur Zeit am Erasmus-Gymnasium in Grevenbroich.

Gedruckt auf umweltbewusst gefertigtem, chlorfrei gebleichtem und alterungsbeständigem Papier.

1. Auflage 2015
© Persen Verlag, Hamburg
AAP Lehrerfachverlage GmbH
Alle Rechte vorbehalten.

Das Werk als Ganzes sowie in seinen Teilen unterliegt dem deutschen Urheberrecht. Der Erwerber des Werkes ist berechtigt, das Werk als Ganzes oder in seinen Teilen für den eigenen Gebrauch und den Einsatz im Unterricht zu nutzen. Die Nutzung ist nur für den genannten Zweck gestattet, nicht jedoch für einen weiteren kommerziellen Gebrauch, für die Weiterleitung an Dritte oder für die Veröffentlichung im Internet oder in Intranets. Eine über den genannten Zweck hinausgehende Nutzung bedarf in jedem Fall der vorherigen schriftlichen Zustimmung des Verlages.

Sind Internetadressen in diesem Werk angegeben, wurden diese vom Verlag sorgfältig geprüft. Da wir auf die externen Seiten weder inhaltliche noch gestalterische Einflussmöglichkeiten haben, können wir nicht garantieren, dass die Inhalte zu einem späteren Zeitpunkt noch dieselben sind wie zum Zeitpunkt der Drucklegung. Der Persen Verlag übernimmt deshalb keine Gewähr für die Aktualität und den Inhalt dieser Internetseiten oder solcher, die mit ihnen verlinkt sind, und schließt jegliche Haftung aus.

Coverillustration: Mele Brink
Konstruktionen: Satzpunkt Ursula Ewert GmbH, Bayreuth
Satz: Satzpunkt Ursula Ewert GmbH, Bayreuth

ISBN 978-3-403-23521-7

www.persen.de

Inhaltsverzeichnis

I – Theorie: Zum Stationenlernen 4

    1. Einleitung: Stationenlernen, was ist das?. 4

    2. Besonderheiten des Stationenlernens im Fach Mathematik 6

II – Praxis: Materialbeiträge 8

    1. Quadratwurzeln und reelle Zahlen 9

    2. Lineare Gleichungssysteme 26

    3. Satzgruppe des Pythagoras 43

    4. Zentrische Streckung 59

    5. Quadratische Gleichungen 75

    6. Quadratische Funktionen 91

Vorwort

I – Theorie: Zum Stationenlernen

1. Einleitung: Stationenlernen, was ist das?

Unsere Gesellschaft wird seit geraumer Zeit durch Begriffe der Individualisierung gekennzeichnet: Risikogesellschaft heißt es bei Ulrich Beck[1], Multioptionsgesellschaft nennt sie Peter Gross[2] und für Gerhard Schulze ist es eine Erlebnisgesellschaft[3]. Jeder Begriff beinhaltet einen anderen inhaltlichen Schwerpunkt, doch egal, wie wir diesen Prozess bezeichnen, die Individualisierung – hier zu verstehen als Pluralisierung von Lebensstilen – schreitet voran. Damit wird die Identitäts- und Sinnfindung zu einer individuellen Leistung. Diese Veränderungen wirken sich zwangsläufig auch auf die Institution Schule aus. Damit lässt sich vor allem eine Heterogenität von Lerngruppen hinsichtlich der Lernkultur, der Leistungsfähigkeit sowie der individuellen Lernwege feststellen. Darüber hinaus legt beispielsweise das Schulgesetz Nordrhein-Westfalen im § 1 fest, dass: „Jeder junge Mensch […] ohne Rücksicht auf seine wirtschaftliche Lage und Herkunft und sein Geschlecht ein Recht auf schulische Bildung, Erziehung und individuelle Förderung" hat. Das klingt nach einem hehren Ziel – die Frage ist nur, wie wir dieses Ziel erreichen können?

Ich möchte an dieser Stelle festhalten, dass es nach meiner Einschätzung nicht das pädagogische Allheilmittel gibt, welches wir nur einsetzen müssten und damit wären alle (pädagogischen) Probleme gelöst – trotz alledem möchte ich an dieser Stelle die Methode des Stationenlernens präsentieren, da diese der Individualisierung Rechnung tragen kann.

Merkmale des Stationenlernens

„,Lernen an Stationen' bezeichnet die Arbeit mit einem aus verschiedenen Stationen zusammengesetzten Lernangebot, das eine übergeordnete Problematik differenziert entfaltet."[4] Schon an dieser Stelle wird offensichtlich, dass für diese Methode unterschiedliche Begriffe verwendet werden. Jedem Terminus wohnt eine (mehr oder weniger) anders geartete organisatorische Struktur inne. In den meisten Fällen werden die Begriffe Lernen an Stationen und Stationenlernen synonym verwendet. Hiervon werden die Lernstraße oder der Lernzirkel unterschieden. Bei diesen beiden Varianten werden in der Regel eine festgelegte Reihenfolge sowie die Vollständigkeit des Durchlaufs aller Stationen verlangt. Daraus ergibt sich zwangsläufig (rein organisatorisch) auch eine festgelegte Arbeitszeit an der jeweiligen Station. Eine weitere Unterscheidung bietet die Lerntheke, an welcher sich die Schülerinnen und Schüler mit Material bedienen können, um anschließend wieder (meist eigenständig) an ihren regulären Plätzen zu arbeiten.

Von diesen Formen soll das Lernen an Stationen bzw. das Stationenlernen abgegrenzt werden. Diese Unterrichtsmethode ist hier zu verstehen als ein unterrichtliches Verfahren, bei dem der unterrichtliche Gegenstand so aufgefächert wird, dass die einzelnen Stationen unabhängig voneinander bearbeitet werden können – die Schülerinnen und Schüler können die Reihenfolge der Stationen somit eigenständig bestimmen; sie allein entscheiden, wann sie welche Station bearbeiten wollen. Damit arbeiten die Lernenden weitgehend selbstständig und eigenverantwortlich (bei meist vorgegebener Sozialform, welche sich aus der Aufgabenstellung ergeben sollte). Um der Heterogenität Rechnung zu tragen, werden neben den Pflichtstationen, die von allen bearbeitet werden müssen, Zusatzstationen angeboten, die nach individuellem Interesse und Leistungsvermögen ausgewählt werden können.

Aufgrund der Auffächerung des Gegenstandes in unterschiedliche Schwerpunkte und der Unterteilung in Pflicht- und Zusatzstationen, bietet es sich an, bei der Konzeption der einzelnen Stationen unterschiedliche Lernzugänge zu verwenden. Auch hier wäre eine weitere schülerspezifischere Differenzierung denkbar. Folglich ist es möglich, einen

---

[1] Vgl.: Beck, Ulrich: Risikogesellschaft – Auf dem Weg in eine andere Moderne. Berlin 1986.
[2] Vgl.: Pongs, Armin; Gross, Peter: Die Multioptionsgesellschaft. In: Pongs, Armin (Hrsg.): In welcher Gesellschaft leben wir eigentlich? – Gesellschaftskonzepte im Vergleich, Band I. München 1999, S. 105–127.
[3] Vgl.: Schulze, Gerhard: Die Erlebnisgesellschaft – Kultursoziologie der Gegenwart. Frankfurt/Main, New York 1992.
[4] Lange, Dirk: Lernen an Stationen. In: Praxis Politik, Heft 3/2010, S. 4.

1. Einleitung: Stationenlernen, was ist das?

inhaltlichen Schwerpunkt bspw. einmal über einen rein visuellen Text, zweitens mithilfe eines Bildes/einer Karikatur und drittens über ein akustisches Material anzubieten, und die Lernenden dürfen frei wählen, welchen Materialzugang sie verwenden möchten, jedoch unter der Prämisse, einen zu bearbeiten.

Unter diesen Gesichtspunkten wird offensichtlich, dass das Stationenlernen eine Arbeitsform des offenen Unterrichtes ist.

Ursprung des Stationenlernens

Die Idee des Zirkulierens im Lernablauf stammt ursprünglich aus dem Sportbereich. Das „circuit training", von Morgan und Adamson 1952 in England entwickelt, stellt im Sportbereich den Sportlern unterschiedliche Übungsstationen zur Verfügung, welche sie der Reihe nach durchlaufen müssen. Der Begriff Lernen an Stationen wurde hingegen von Gabriele Faust-Siehl geprägt, die hierzu ihren gleichnamigen Aufsatz in der Zeitschrift „Grundschule" 1989 publizierte.[5]

Der Ablauf des Stationenlernens

Für die Gestaltung und Konzeption eines Stationenlernens ist es entscheidend, dass sich der unterrichtliche Gegenstand in verschiedene Teilaspekte aufschlüsseln lässt, die in ihrer zu bearbeitenden Reihenfolge unabhängig voneinander sind. Damit darf jedoch die abschließende Bündelung nicht unterschlagen werden. Es bietet sich daher an, eine übergeordnete Problematik oder Fragestellung an den Anfang zu stellen, welche zum Abschluss (dieser ist von der methodischen Reflexion zu unterscheiden) erneut aufgegriffen wird.

Der eigentliche Ablauf lässt sich in der Regel in vier Phasen unterteilen: 1. Die thematische und methodische Hinführung – hier wird den Schülerinnen und Schülern einerseits eine inhaltliche Orientierung geboten und andererseits der Ablauf des Stationenlernens erklärt. Sinnvoll ist es an dieser Stelle gemeinsam mit den Lernenden die Vorteile, aber auch mögliche Schwierigkeiten der Methode zu besprechen. Hierauf folgt 2. ein knapper Überblick über die eigentlichen Stationen – dieser Überblick sollte ohne Hinweise der Lehrperson auskommen. Rein organisatorisch macht es daher Sinn, den jeweiligen Stationen feste (für die Lernenden nachvollziehbare) Plätze im Raum zuzugestehen. 3. In der sich anschließenden Arbeitsphase erfolgt ein weitgehend selbstständiges Lernen an den Stationen. In dieser Phase können – je nach Zeit und Bedarf – Plenumsgespräche stattfinden. Zur weiteren Orientierung während der Arbeitsphase sollten zusätzliche Materialien, wie Laufzettel, Arbeitspässe, Fortschrittslisten o. Ä. verwendet werden. Diese erleichtern den Ablauf und geben den Lernenden eine individuelle Übersicht über die bereits bearbeiteten und noch zur Verfügung stehenden Stationen. Bei einem solchen Laufzettel sollte auch eine Spalte für weitere Kommentare, welche später die Reflexion unterstützen können, Platz finden. Darüber hinaus kann von den Schülerinnen und Schülern ein Arbeitsjournal, ein Portfolio oder auch eine Dokumentenmappe geführt werden, um Arbeitsergebnisse zu sichern und den Arbeitsprozess reflektierend zu begleiten. Ein zuvor ausgearbeitetes Hilfesystem kann den Ablauf zusätzlich unterstützen, indem Lernende an geeigneter Stelle Hilfe anbieten oder einfordern können. Am Ende schließt sich 4. eine Reflexionsphase (auf inhaltlicher und methodischer Ebene) an.

Die Rolle der Lehrkraft beim Stationenlernen

Als allererstes ist die Lehrperson – wie bei fast allen anderen Unterrichtsmethoden auch – „Organisator und Berater von Lernprozessen"[6]. Sie stellt ein von den Lernenden zu bearbeitendes Material- und Aufgabenangebot zusammen. Der zentrale Unterschied liegt jedoch darin, dass sie sich während des eigentlichen Arbeitsprozesses aus der frontalen Position des Darbietens zurückzieht. Die Lehrkraft regt vielmehr an, berät und unterstützt. Dies bietet dem Lehrer/der Lehrerin viel stärker die Möglichkeit, das Lerngeschehen zu beobachten und aus der Diagnose Rückschlüsse für die weitere Unterrichtsgestaltung sowie Anregungen für die individuelle Förderung zu geben. „Insgesamt agiert die Lehrperson somit eher im Hintergrund. Als ‚invisible hand' strukturiert sie das Lerngeschehen."[7]

Vor- und Nachteile des Stationenlernens

Die Schülerinnen und Schüler übernehmen eine viel stärkere Verantwortung für ihren eigenen Lernprozess und können somit (langfristig!) selbst-

---

[5] Vgl.: Faust-Siehl, Gabriele: Lernen an Stationen. In: Grundschule, Heft 3/1989. Braunschweig 1989, S. 22ff.

[6] Lange, Dirk: Lernen an Stationen. In: Praxis Politik, Heft 3/2010, S. 6.
[7] Ebenda.

I – Theorie: Zum Stationenlernen

sicherer und eigenständiger im, aber auch außerhalb des Unterrichts agieren. Diese hohe Eigenverantwortung bei zurückgenommener Anleitung durch die Lehrperson kann jedoch zu einer Überforderung oder mangelnden Mitarbeit aufgrund der geringen Kontrolle führen. Beidem muss zielgerichtet begegnet werden, sei es durch die schon erwähnten Hilfestellungen oder durch eine (spätere) Kontrolle der Ergebnisse.

Eine Stärke des Stationenlernens besteht eindeutig in der Individualisierung des Unterrichtsgeschehens – die Lernenden selbst bestimmen Zeitaufwand und Abfolge der Stationen. Darüber hinaus können die unterschiedlichen Lerneingangskanäle sowie eine Differenzierung in Schwierigkeitsgrade als Ausgangspunkt des Lernprozesses genommen werden. Die Schülerinnen und Schüler können damit die ihnen gerade angemessen erscheinende Darstellungs- und Aufnahmeform erproben, erfahren und reflektieren. Damit kann eine heterogene Lerngruppe „inhalts- und lernzielgleich unterrichtet werden, ohne dass die Lernwege vereinheitlicht werden müssen."[8]

Stationenlernen – Ein kurzes Fazit

Innerhalb der unterschiedlichen Fachdidaktiken herrscht seit Jahren ein Konsens darüber, dass sich das Lehr-Lern-Angebot der Schule verändern muss. Rein kognitive Wissensvermittlung im Sinne des „Nürnberger Trichters" ist nicht gefragt und widerspricht allen aktuellen Erkenntnissen der Lernpsychologie. Eigenverantwortliches, selbstgestaltetes und kooperatives Lernen sind die zentralen Ziele der Pädagogik des neuen Jahrtausends. Eine mögliche Variante, diesen Forderungen nachzukommen, bietet das Stationenlernen. Warum?

Stationenlernen ermöglicht u. a.:

1. Binnendifferenzierung und individuelle Förderung, indem unterschiedliche Schwierigkeitsgrade angesetzt werden. Gleichzeitig können die Schülerinnen und Schüler auch ihre Kompetenzen im Bereich der Arbeitsorganisation ausbauen.

2. einen Methoden- und Sozialformenwechsel, sodass neben Fachkompetenzen auch Sozial-, Methoden- und Handlungskompetenzen gefördert werden können.

---
[8] Lange, Dirk: Lernen an Stationen. In: Praxis Politik, Heft 3/ 2010, S. 6.

Grundsätzlich – so behaupte ich – lässt sich Stationenlernen in allen Unterrichtsfächern durchführen. Grundsätzlich eignen sich auch alle Klassenstufen für Stationenlernen. Trotz alledem sollten – wie bei jeder Unterrichtskonzeption – immer die zu erwartenden Vorteile überwiegen; diese Aussage soll hingegen kein Plädoyer für eine Nichtdurchführung eines Stationenlernens sein! D.h. jedoch, dass – wie bei jeder Unterrichtsvorbereitung – eine Bedingungsanalyse unerlässlich ist!

Stationenlernen benötigt – rein organisatorisch – als allererstes Platz: Es muss möglich sein, jeder Station einen festen (Arbeits-) Platz zuzuweisen. Die Lehrkraft benötigt darüber hinaus für die Vorbereitung im ersten Moment mehr Zeit – sie muss alle notwendigen Materialien in ausreichender Anzahl zur Verfügung stellen und das heißt vor allem: Sie benötigt Zeit für das Kopieren! Für den weiteren Ablauf ist es sinnvoll, Funktionsaufgaben an die Lernenden zu verteilen – so kann bspw. je eine Schülerin oder je ein Schüler für eine Station die Verantwortung übernehmen: Sie/er muss dafür Sorge tragen, dass immer ausreichend Materialien bereit liegen.

Wichtiger jedoch ist die Grundeinstellung der Schülerinnen und Schüler selbst: Viele Lernende wurden regelmäßig mit lehrerzentriertem Frontalunterricht „unterhalten" – die Reaktionen der Schülerinnen und Schüler werden sehr unterschiedlich sein. Eine Lerngruppe wird sich über mehr Eigenverantwortung freuen, eine andere wird damit maßlos überfordert sein, eine dritte wird sich verweigern. Daher ist es unerlässlich, die Lernenden (schrittweise) an offenere Unterrichtsformen heranzuführen. Sinnvoll ist es daher, mit kleineren Formen des offenen Unterrichts zu beginnen; dies muss nicht zwingend ausschließlich in einem bestimmten Fachunterricht erfolgen – der Lernprozess einer Klasse sollte auch hier ganzheitlich verstanden werden! Absprachen zwischen den Kolleginnen und Kollegen sind somit auch hier unerlässlich – letztendlich kann im Gegenzug auch wieder das gesamte Kollegium davon profitieren.

2. Besonderheiten des *Stationenlernens* im Fach Mathematik in der Klassenstufe 9

Ein Stationenlernen im Mathematikunterricht muss sich an den Inhalten und dem Aufbau der Bildungsstandards im Fach Mathematik für den mittleren Bildungsabschluss orientieren. Das Einschlagen von individuellen Lösungswegen, das Analysieren

2. Besonderheiten des Stationenlernens im Fach Mathematik

von Lernergebnissen, das zielgerichtete Anwenden von Formeln, Rechengesetzen und Rechenregeln soll stets unter der Prämisse der Nutzbarkeit für das weitere Lernen und dem Einbezug in möglichst unterschiedliche kontextbezogene Situationen gesehen werden. Der Schüler soll „auf diese Weise Mathematik als anregendes, nutzbringendes und kreatives Betätigungsfeld erleben"[9].

Dabei sind folgende sechs allgemeine mathematische Kompetenzen Grundlage jeder Planung und unterrichtlichen Aufbereitung. Im Einzelnen handeln es sich um:

- mathematisch argumentieren
- Probleme mathematisch lösen
- mathematisch modellieren
- mathematische Darstellungen verwenden
- mit symbolischen, formalen und technischen Elementen der Mathematik umgehen
- kommunizieren

Diese allgemeinmathematischen Kompetenzen gilt es inhaltsbezogen zu konkretisieren und mit einer der fünf folgenden mathematischen Leitideen in Einklang zu bringen:

- Zahl
- Messen
- Raum und Form
- funktionaler Zusammenhang
- Daten und Zufall

Bezogen auf die Adressaten dieses Buches zum Stationenlernen – die Schüler der 9. Klasse – müssen folgende inhaltsbezogene mathematische Kompetenzen Berücksichtigung finden:

- Die Vorstellung von reellen Zahlen entsprechend der Verwendungsnotwendigkeit
- Das sichere Anwenden der Grundrechenarten, des Quadrierens und Wurzelziehens im Zahlbereich der rationalen und reellen Zahlen
- Die Umformungsübungen zu Termen, insbesondere für den Zahlbereich der reellen Zahlen
- Die Äquivalenzumformungen bei Gleichungen und Ungleichungen, insbesondere bei der rechnerischen Lösung von linearen Gleichungssystemen
- Das Nutzen des Zusammenhangs von Rechenoperationen, deren Umkehrung sowie Kontrollmechanismen
- Das mathematische Lösen von Sachaufgaben und deren Kontrolle
- Das Beschreiben von Lösungswegen und deren Begründung
- Die Selbstformulierung mathematischer Probleme, deren sachgerechte Lösung und die Interpretation von Ergebnissen in Sachsituationen
- Das Umrechnen von Größen und deren situationsgemäße Anwendung
- Der Einsatz von Maßstäben und Streckenverhältnissen
- Das Beschreiben und Begründen von Eigenschaften und Beziehungen geometrischer Objekte, insbesondere bei zentrischen Streckungen
- Die Analyse von Sachzusammenhängen durch Eigenschaften und Beziehungen geometrischer Objekte
- Das Anwenden von Sätzen der ebenen Geometrie bei Konstruktion, Berechnung und Beweis für die Satzgruppe des Pythagoras
- Das Zeichnen und Konstruieren geometrischer Figuren mit entsprechenden Hilfsmitteln
- Das Analysieren und Vergleichen funktionaler Zusammenhänge und die Darstellung in tabellarischer und grafischer Form
- Das grafische Interpretieren von linearen und quadratischen Gleichungen
- Das Lösen von linearen und quadratischen Gleichungen sowie Gleichungssystemen mithilfe von Graph und Rechnung
- Das Berechnen von Unbekannten in rein- und gemischtquadratischen Gleichungen
- Das Herstellen von Beziehungen zwischen Funktionsterm und Graph
- Das Angeben von Sachsituationen bei vorgegebenen Funktionen

Dabei muss sich der unterrichtliche Gegenstand jeweils in mehrere voneinander unabhängige Teilaspekte aufgliedern lassen. Dies ist auch im Fach Mathematik möglich, obwohl häufig Themen auf den vorherigen aufbauen bzw. ohne Kenntnis der erarbeiteten Rechenregeln nicht lösbar sind. Innerhalb eines Themengebietes ist die Reihenfolge der strukturellen Erarbeitung in vielen Fragestellungen austauschbar und von daher effektiv mithilfe des Stationenlernens umzusetzen.

---

[9] Bildungsstandards Mathematik für den mittleren Bildungsabschluss, Carl Link Verlag, S. 6.

II – Praxis: Materialbeiträge

In diesem Band werden sechs ausgearbeitete Stationenlernen präsentiert. All diese Stationenlernen ergeben sich i. d. R. aus den Unterrichtsvorgaben für die Klassenstufe 8. Alle Stationenlernen sind so konzipiert, dass diese ohne weitere Vorbereitung im Unterricht der weiterführenden Schulen eingesetzt werden können – trotz alledem sollte eine adäquate Bedingungsanalyse niemals ausbleiben, denn letztendlich gleicht keine Lerngruppe einer anderen!

Die hier präsentierten Stationenlernen sind immer in Pflichtstationen (Station 1, 2, 3 …) und fakultative Zusatzstationen (Zusatzstation A, B …) unterteilt – die zu bearbeitende Reihenfolge ist durch die Schülerinnen und Schüler (!) frei wählbar. Die Sozialformen sind bewusst offen gehalten worden, d. h. i. d. R. finden sich auf den Aufgabenblättern keine konkreten Hinweise zur geforderten Gruppengröße.

Somit können die Lernenden auch hier frei wählen, ob sie die Aufgaben alleine, mit einem Partner oder innerhalb einer Gruppe bearbeiten wollen – davon abgesehen sollte jedoch keine Gruppe größer als vier Personen sein, da eine größere Mitgliederzahl den Arbeitsprozess i. d. R. eher behindert. Einige wenige Stationen sind jedoch auch so konzipiert worden, dass mindestens eine Partnerarbeit sinnvoll ist.

Zur Bearbeitung sollte für jede Schülerin bzw. jeden Schüler ein Materialblatt bereitliegen – die Aufgabenblätter hingegen sind nur vor Ort (am Stationenarbeitsplatz) auszulegen. Die Laufzettel dienen als Übersicht für die Schülerinnen und Schüler – hier können diese abhaken, welche Stationen sie wann bearbeitet haben und welche ihnen somit noch fehlen, gleichzeitig erhalten sie hierbei einen kleinen inhaltlichen Überblick über alle Stationen – andererseits kann die Lehrkraft diese als erste Hinweise zur Arbeitsleistung der Lernenden nutzen. Darüber hinaus können die Schülerinnen und Schüler auf ihrem Laufzettel auch weiterführende Hinweise und Kommentare zum Stationenlernen an sich, zur Arbeitsgestaltung o. Ä. vermerken – nach meiner Erfahrung wird diese Möglichkeit eher selten genutzt, kann dann jedoch sehr aufschlussreich sein! Unverzichtbar für jedes Stationenlernen ist eine abschließende Bündelung zum Wiederholen und Bündeln der zentralen Lerninhalte – auch hierfür wird jeweils eine Idee, welche sich aus den einzelnen Stationen ergibt, präsentiert. Mithilfe dieser Bündelung sollen noch einmal einzelne Ergebnisse rekapituliert, angewendet und überprüft werden. In diesem Band werden die folgenden Stationenlernen präsentiert:

1. Quadratwurzeln und reelle Zahlen
2. Lineare Gleichungssysteme
3. Satzgruppe des Pythagoras
4. Zentrische Streckung
5. Quadratische Gleichungen
6. Quadratische Funktionen

Jedes dieser Stationenlernen beginnt mit einem Laufzettel.

Anschließend werden die jeweiligen Stationen (Pflichtstationen und Zusatzstationen) mit jeweils einem Aufgabenblatt sowie einem Materialblatt präsentiert. Zu guter Letzt wird das Stationenlernen mit einem Aufgaben- und Materialblatt für die Bündelungsaufgabe abgerundet.

Sinnvoll ist es, wenn jede Station einen festen Platz im Raum erhält. Dies erleichtert es vor allem den Schülerinnen und Schülern, sich zu orientieren. Um dies noch mehr zu vereinfachen, haben sich Stationsschilder bewährt. Auf diesen sollte mindestens die Stationsnummer vermerkt werden.

Fakultativ könnte auch der Stationsname vermerkt werden.

1. Quadratwurzeln und reelle Zahlen

Laufzettel

zum Stationenlernen *Quadratwurzeln und reelle Zahlen*

- **Station 1** — Berechnen von Quadratwurzeln
- **Station 2** — Reelle Zahlen
- **Station 3** — Rechnen mit reellen Zahlen
- **Station 4** — Rechenregeln Quadratwurzeln
- **Station 5** — Quadratwurzelterme umformen
- **Station 6** — Quadratwurzelgleichungen I

- **Zusatzstation A** — Kubikwurzeln und n-te Wurzeln
- **Zusatzstation B** — Teilweises Wurzelziehen
- **Zusatzstation C** — Quadratwurzelgleichungen II
- **Zusatzstation D** — Sachaufgaben

Kommentare:

Station 1
Berechnen von Quadratwurzeln

Aufgabe

Aufgabe:
Berechne Quadratwurzeln.

1. Bestimme in deinem Heft die dazugehörige Quadratzahl.

2. Bestimme in deinem Heft die folgenden Quadratwurzeln im Kopf.

3. Für welche Werte von x können Wurzeln berechnet werden? Schreibe eine Bedingung mithilfe eines Vergleichsoperators in deinem Heft.

4. Berechne die folgenden Aufgaben ohne Taschenrechner und schreibe in dein Heft.

Thomas Röser: Stationenlernen Mathematik
© Persen Verlag

Station 2
Reelle Zahlen

Aufgabe

Aufgabe:
Bestimme reelle Zahlen.

1. Welche dieser Zahlen sind rational, welche irrational? Schreibe in dein Heft.

2. Finde für a) und b) eine rationale Zahl, für c) und d) drei rationale Zahlen die zwischen den vorgegebenen Brüchen liegen. Schreibe und rechne in deinem Heft.

3. Beantworte die Fragen in deinem Heft. Begründe deine Antwort.

Thomas Röser: Stationenlernen Mathematik
© Persen Verlag

Station 3
Rechnen mit reellen Zahlen

Aufgabe:
Übe das Rechnen mit reellen Zahlen.

1. Berechne mit dem Taschenrechner in deinem Heft und runde auf vier Nachkommastellen.

2. Vereinfache zunächst soweit wie möglich in deinem Heft und runde das Ergebnis mithilfe des Taschenrechners auf vier Nachkommastellen.

3. Vereinfache zunächst soweit wie möglich und setze anschließend die folgenden Werte ein: $x = 3$, $y = 2$, $z = 1$. Berechne mithilfe des Taschenrechners in deinem Heft das Ergebnis und runde auf vier Nachkommastellen.

4. Welcher der beiden Dezimalbrüche ist eine rationale, welcher eine irrationale Zahl? Begründe in deinem Heft.

5. Beantworte die folgende Frage in deinem Heft.

Thomas Röser: Stationenlernen Mathematik
© Persen Verlag

Station 4
Rechenregeln Quadratwurzeln

Aufgabe:
Berechne Quadratwurzeln mithilfe von Rechenregeln.

1. Berechne ohne Taschenrechner in deinem Heft mittels der Wurzelregel für Produkte.

2. Berechne ohne Taschenrechner in deinem Heft mittels der Wurzelregel für Quotienten.

3. Setze die Kästchen an die richtige Stelle ein und überprüfe das Ergebnis auf Gleichheit. Trage auf dem Rechenblatt ein.

Thomas Röser: Stationenlernen Mathematik
© Persen Verlag

Station 5
Quadratwurzelterme umformen

Aufgabe

Aufgabe:
Forme Quadratwurzelterme um.

1. Benutze das Distributivgesetz und rechne ohne Taschenrechner in deinem Heft.

2. Beseitige die Wurzel im Nenner. Rechne ohne Taschenrechner und löse in deinem Heft.

3. Vereinfache ohne Taschenrechner zu einem Produkt in deinem Heft.

4. Vereinfache die Terme in deinem Heft. Runde das Ergebnis vom vereinfachten Term für c) und d) auf zwei Nachkommastellen.

Thomas Röser: Stationenlernen Mathematik
© Persen Verlag

Station 6
Quadratwurzelgleichungen I

Aufgabe

Aufgabe:
Übe das Lösen von Quadratwurzelgleichungen.

1. Löse die folgenden Gleichungen mit einer Wurzel in deinem Heft.

2. Löse die folgenden Gleichungen mit zwei Wurzeln in deinem Heft.

3. Ordne den Gleichungen die richtige Lösungsmenge zu und verbinde auf dem Materialblatt.

Thomas Röser: Stationenlernen Mathematik
© Persen Verlag

Zusatzstation A
Kubikwurzeln und n-te Wurzeln

Aufgabe

Aufgabe:
Berechne Kubikwurzeln und n-te Wurzeln.

1. Berechne die Kubikwurzeln durch „Probieren" ohne Taschenrechner und löse in deinem Heft.

2. Berechne die Kubikwurzeln mit dem Taschenrechner in deinem Heft und runde auf zwei Nachkommastellen.

3. Ergänze die fehlenden Zahlen für x durch „Probieren" ohne Taschenrechner in deinem Heft.

4. Berechne die Sachaufgabe.

Thomas Röser: Stationenlernen Mathematik
© Persen Verlag

Zusatzstation B
Teilweises Wurzelziehen

Aufgabe

Aufgabe:
Wende Wurzelregeln beim teilweisen Wurzelziehen an.

1. Berechne mithilfe der Regel für Produkte ohne Taschenrechner und schreibe in dein Heft.

2. Berechne mithilfe der Regel für Quotienten ohne Taschenrechner und schreibe in dein Heft.

3. Bringe den Vorfaktor mit unter das Wurzelzeichen und berechne mit dem Taschenrechner einen Näherungswert in deinem Heft. Runde auf zwei Nachkommastellen.

4. Vereinfache in deinem Heft durch teilweises Wurzelziehen und forme um.

Thomas Röser: Stationenlernen Mathematik
© Persen Verlag

Zusatzstation C
Quadratwurzelgleichungen II

Aufgabe:
Löse schwierige Quadratwurzelgleichungen.

1. Bestimme die Lösungsmenge der Gleichungen mit einer Wurzel in deinem Heft.

2. Bestimme die Lösungsmenge der Gleichungen mit zwei Wurzeln in deinem Heft.

3. Löse die folgenden Wurzelgleichungen in deinem Heft.

Thomas Röser: Stationenlernen Mathematik
© Persen Verlag

Zusatzstation D
Sachaufgaben

Aufgabe:
Bearbeite die Sachaufgaben.

1. Stelle eine Wurzelgleichung auf und berechne den Wert für x in deinem Heft.

2. Ein Rechteck hat die folgenden Maße. Berechne die Zahl für x in deinem Heft.

3. Bearbeite die folgende Sachaufgaben (Frage, Rechnung, Antwortsatz) in deinem Heft.

4. Für welche Zahl x sind die Flächeninhalte der beiden Rechtecke gleich? Wie groß ist der Flächeninhalt, wie groß sind die Seiten a und b der beiden Rechtecke? Berechne in deinem Heft und runde auf zwei Nachkommastellen.

Thomas Röser: Stationenlernen Mathematik
© Persen Verlag

Station 1
Berechnen von Quadratwurzeln

Material

Die Quadratwurzel einer positiven Zahl a ist diejenige positive Zahl b, die mit sich selbst multipliziert a ergibt ($b^2 = a$). Für die Quadratwurzel aus a schreibt man $\sqrt{a}$. Dabei heißt die Zahl a unter dem Wurzelzeichen **Radikant** und das Berechnen der Quadratwurzel heißt **Radizieren**.

z. B.: $\sqrt{625} = 25$, da $25 \cdot 25 = 25^2 = 625$ $\qquad$ $\sqrt{0} = 0$, da $0 \cdot 0 = 0$

Das Quadratwurzelziehen wird durch das Quadrieren rückgängig gemacht: $(\sqrt{a})^2 = a$.

Das Quadrieren wird durch das Quadratwurzelziehen rückgängig gemacht: $\sqrt{a^2} = a$.

Hinweis: Wurzeln können **nur** aus positiven Zahlen gezogen werden.
Bei einer Doppelwurzel wird zuerst die innere Wurzel gezogen.
Statt dem Wurzelzeichen wird seltener „hoch 0,5" verwendet: $\sqrt{a} = a^{0,5}$.

1.
a) 1 $\qquad$ b) 4 $\qquad$ c) 7 $\qquad$ d) 10 $\qquad$ e) 12

f) 35 $\qquad$ g) 50 $\qquad$ h) 0,8 $\qquad$ i) $\frac{2}{3}$ $\qquad$ k) $\frac{5}{9}$

2.
a) $\sqrt{16}$ $\qquad$ b) $\sqrt{289}$ $\qquad$ c) $\sqrt{529}$ $\qquad$ d) $\sqrt{900}$

e) $\sqrt{1{,}21}$ $\qquad$ f) $\sqrt{\frac{4}{225}}$ $\qquad$ g) $\sqrt{\frac{1}{4}}$ $\qquad$ h) $\sqrt{2\frac{1}{4}}$

3.
a) $\sqrt{x+3}$ $\qquad$ b) $\sqrt{-9+x}$ $\qquad$ c) $\sqrt{12+3x}$ $\qquad$ d) $\sqrt{5x-10}$

e) $\sqrt{-(3x+1)}$ $\qquad$ f) $\sqrt{1-x^2}$ $\qquad$ g) $\sqrt{\frac{2}{5}x - 2{,}4}$ $\qquad$ h) $\sqrt{\frac{1}{8}x - 4{,}2}$

4.
a) $(\sqrt{11})^2$ $\qquad$ b) $(\sqrt{54})^2$ $\qquad$ c) $(-\sqrt{61})^2$ $\qquad$ d) $\sqrt{8^2}$ $\qquad$ e) $\sqrt{\frac{2^2}{7^2}}$

f) $-\sqrt{21{,}3^2}$ $\qquad$ g) $\sqrt{\sqrt{81}}$ $\qquad$ h) $\sqrt{\sqrt{0{,}0016}}$ $\qquad$ i) $-\sqrt{\sqrt{\frac{1}{16}}}$ $\qquad$ k) $(\sqrt{9}\sqrt{16})^2$

Station 2
Reelle Zahlen

> Reelle Zahlen (kurz: $\mathbb{R}$) bestehen aus den bisher bekannten rationalen Zahlen und den irrationalen Zahlen.
>
> **Rationale Zahlen**: Darstellung durch einen abbrechenden oder periodischen Dezimalbruch, z. B.:
> $\frac{1}{4} = 0{,}25; \frac{1}{9} = 0{,}\overline{1}; -\frac{9}{5} = -1{,}8$.
>
> **Irrationale Zahlen**: Beschreibung durch einen nichtabbrechenden und nichtperiodischen Dezimalbruch, z. B.: $\sqrt{2} = 1{,}4142315\ldots$

1.
a) $-\frac{5}{6}$ b) $\frac{1}{100}$ c) $\frac{12}{99}$ d) $\sqrt{6}$ e) $\sqrt[3]{5+1}$ f) $0{,}\overline{81}$

2.
a) $\frac{1}{7}$ und $\frac{3}{7}$ b) $\frac{7}{5}$ und $\frac{4}{3}$ c) $0{,}7$ und $\frac{8}{10}$ d) $\frac{13}{11}$ und $\frac{12}{11}$

3.
a) Jede rationale Zahl ist auch eine reelle Zahl?

b) Irrationale Zahlen sind reelle Zahlen, die nicht rational sind?

c) Zwischen zwei rationalen Zahlen liegen abzählbar viele rationale Zahlen?

d) Irrationale Zahlen lassen sich als Bruch darstellen, rationale nicht?

e) Ist a eine natürliche Zahl, aber keine Quadratzahl, so ist $\sqrt{a}$ eine rationale Zahl?

f) Bei einer rationalen Zahl steht eine natürliche Zahl im Zähler und eine ganze Zahl im Nenner?

g) Jede reelle Zahl ist rational und irrational?

Station 3
Rechnen mit reellen Zahlen

Rechnet man mit reellen Zahlen (rationale und irrationale Zahlen), so gelten alle bisher bekannten Rechenregeln. Im Folgenden sollen die Ergebnisse mithilfe des Taschenrechners auf vier Nachkommastellen gerundet werden, z. B.:

I. $-1 + \sqrt{17} \approx 3{,}1231$

II. Erst zusammenfassen: $\sqrt{3} + \sqrt{10} + \sqrt{10} + \sqrt{5} + \sqrt{3} - \sqrt{10} = 2 \cdot \sqrt{3} + \sqrt{10} + \sqrt{5} \approx 8{,}8624$

1.
a) $1 + \sqrt{3}$ b) $1 - \sqrt{7}$ c) $\sqrt{1-7}$ d) $2 \cdot \sqrt{13}$ e) $\sqrt{5-(-3)}$ f) $\sqrt{5+(-10)}$

2.
a) $\sqrt{2} + \sqrt{7} + \sqrt{2} + \sqrt{11} + \sqrt{2} + \sqrt{7}$ b) $3 \cdot \sqrt{2} + \sqrt{3} + 4 \cdot \sqrt{2} + 2 \cdot \sqrt{2} + \sqrt{3}$

c) $5 \cdot \sqrt{3} - 2 \cdot \sqrt{6} + \sqrt{3} + \sqrt{6} - 7 \cdot \sqrt{3}$ d) $4 \cdot \sqrt{5} - (\sqrt{3} + \sqrt{5} - 3 \cdot \sqrt{5} + 3 \cdot \sqrt{3})$

3.
a) $4 \cdot \sqrt{x} - (\sqrt{x} + \sqrt{x} - 3 \cdot \sqrt{y} + 3 \cdot \sqrt{y}) - \sqrt{z}$ b) $3 \cdot \sqrt{x} - 2 \cdot \sqrt{x} - (\sqrt{x} + \sqrt{y} + 3 \cdot \sqrt{x})$

4.
a) 0,246810121416182022242628 30

b) 0,236363636

5.
Rationale Zahlen können auf einer Zahlengeraden dargestellt werden. Können irrationale Zahlen auch auf einer Zahlengeraden dargestellt werden? Begründe.

Station 4
Rechenregeln Quadratwurzeln

Berechnungen von Quadratwurzeln können aufgrund der folgenden Rechenregeln vereinfacht werden:

- Für alle $a \geq 0$ gilt: $(\sqrt{a})^2 = a$
- Für alle $a \geq 0$ gilt: $\sqrt{a^2} = a$
- Für alle a gilt: $\sqrt{(a)^2} = a$, z. B.: $\sqrt{(-20)^2} = 20$
- Für alle $a \geq 0, b \geq 0$ gilt: $\sqrt{a} \cdot \sqrt{b} = \sqrt{a \cdot b}$, z. B.: $\sqrt{3} \cdot \sqrt{12} = \sqrt{3 \cdot 12} = \sqrt{36} = 6$
- Für alle $a \geq 0, b > 0$ gilt: $\sqrt{a} : \sqrt{b} = \dfrac{\sqrt{a}}{\sqrt{b}} = \sqrt{\dfrac{a}{b}}$, z. B.: $\sqrt{27} : \sqrt{3} = \sqrt{\dfrac{27}{3}} = \sqrt{9} = 3$

1.
a) $\sqrt{2} \cdot \sqrt{32}$
b) $\sqrt{45} \cdot \sqrt{5}$
c) $\sqrt{12} \cdot \sqrt{\dfrac{25}{3}}$
d) $\sqrt{10} \cdot \sqrt{12,1}$

e) $\sqrt{0,49} \cdot \sqrt{0,09}$
f) $\sqrt{180} \cdot \sqrt{0,008}$
g) $\sqrt{3,2} \cdot \sqrt{12} \cdot \sqrt{15}$
h) $\sqrt{32} \cdot \sqrt{0,5} \cdot \sqrt{4}$

i) $\sqrt{a} \cdot \sqrt{a}$
k) $\sqrt{a} \cdot \sqrt{a^3}$
l) $\sqrt{a} \cdot \sqrt{ab^2}$
m) $\sqrt{4a} \cdot \sqrt{4b^2 a}$

2.
a) $\dfrac{\sqrt{20}}{\sqrt{5}}$
b) $\dfrac{\sqrt{4}}{\sqrt{36}}$
c) $\dfrac{\sqrt{125}}{\sqrt{5}}$
d) $\dfrac{\sqrt{7,2}}{\sqrt{0,05}}$

e) $\sqrt{98} : \sqrt{0,5}$
f) $\sqrt{45} : \sqrt{1,8}$
g) $\sqrt{\dfrac{100}{9}} : \sqrt{400}$
h) $\sqrt{25} : \sqrt{\dfrac{1}{4}}$

i) $\sqrt{\dfrac{a}{b}} : \sqrt{\dfrac{b}{a}}$
k) $\sqrt{a^3} : \sqrt{a}$
l) $\sqrt{\dfrac{49a^2}{25b^2}}$
m) $\sqrt{\dfrac{100a^4}{81b^2}}$

3.

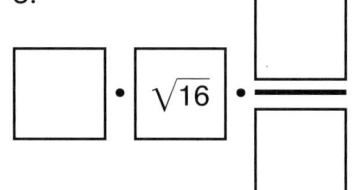 $= 4 =$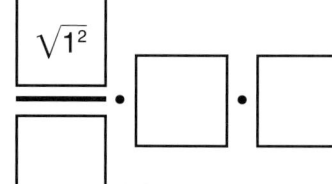

$\sqrt{(-10)^2}$ 2 $\sqrt{5^2}$ 80 $\sqrt{25}$ $\sqrt{(100)^2}$

Station 5
Quadratwurzelterme umformen

Material

Für das Umformen von Quadratwurzeltermen gelten auch das **Kommutativgesetz**, das **Assoziativgesetz** und das **Distributivgesetz**. Einfache „Rechentricks" (z. B. das Beseitigen einer Wurzel im Nenner) können ebenfalls zur Termumformung genutzt werden.

Beispiel:

I) Ausklammern und Ausmultiplizieren:
$$(3+5) \cdot \sqrt{6} = 3 \cdot \sqrt{6} + 5 \cdot \sqrt{6}$$
$$(\sqrt{3}+\sqrt{5}) \cdot \sqrt{3} = 3 + \sqrt{15}$$

II) Wurzel im Nenner beseitigen:
$$\frac{10}{\sqrt{7}} = \frac{10 \cdot \sqrt{7}}{\sqrt{7} \cdot \sqrt{7}} = \frac{10 \cdot \sqrt{7}}{7} = \sqrt{7} \cdot \frac{10}{7}$$

III) Vereinfachen mithilfe eines Binoms:
$$(\sqrt{2}+1) \cdot (\sqrt{2}-1) = (\sqrt{2})^2 - 1^2 = 1$$

IV) Vereinfachen zu einem Produkt:
$$\sqrt{45} + \sqrt{80} = \sqrt{9 \cdot 5} + \sqrt{16 \cdot 5}$$
$$= 3 \cdot \sqrt{5} + 4 \cdot \sqrt{5} = 7 \cdot \sqrt{5}$$

1.

a) $(a+b) \cdot \sqrt{c}$

b) $(x+\sqrt{8}) \cdot \sqrt{8}$

c) $5 \cdot \sqrt{a} + \sqrt{a} \cdot 7$

d) $(\sqrt{125}-5) \cdot \sqrt{5}$

e) $10 \cdot \sqrt{0{,}5} + 5 \cdot \sqrt{0{,}5}$

f) $\sqrt{3} \cdot (11+\sqrt{3})$

g) $(\sqrt{5}+\sqrt{2v}) \cdot \sqrt{2v}$

h) $(\sqrt{13} - 3 \cdot \sqrt{18}) \cdot \sqrt{2}$

2.

a) $\dfrac{3}{\sqrt{2}}$

b) $\dfrac{x}{\sqrt{x}}$

c) $\dfrac{x \cdot y}{\sqrt{y}}$

d) $\dfrac{1}{5 \cdot \sqrt{3}}$

e) $\dfrac{\sqrt{6}}{\sqrt{30}}$

f) $\dfrac{81}{\sqrt{6} \cdot \sqrt{5}}$

g) $\dfrac{a}{b \cdot \sqrt{a}}$

h) $\dfrac{12}{3 \cdot \sqrt{21}}$

3.

a) $\sqrt{44} + \sqrt{99}$

b) $\sqrt{2} + \sqrt{32}$

c) $8 \cdot \sqrt{3} + \sqrt{12}$

d) $\sqrt{45} + 4 \cdot \sqrt{20}$

e) $\sqrt{27} - \sqrt{147}$

f) $3 \cdot \sqrt{2} - 5 \cdot \sqrt{8}$

g) $8 \cdot \sqrt{63} - 5 \cdot \sqrt{28}$

h) $\sqrt{50} + \sqrt{2} - \sqrt{18}$

4.

a) $(6+\sqrt{13}) \cdot (6-\sqrt{13})$

b) $(5 \cdot \sqrt{10} + \sqrt{12}) \cdot (5 \cdot \sqrt{10} - \sqrt{12})$

c) $(2+\sqrt{2})^2$

d) $(5-\sqrt{6})^2$

Station 6
Quadratwurzelgleichungen I

Steht in einer Gleichung die Variable x unter einer Wurzel, so spricht man von einer Wurzelgleichung. Typische Vorgehensweise:

I. Isoliere die Wurzel durch Quadrieren, ggf. unter Anwendung einer binomischen Formel bzw. forme zunächst geschickt um.
II. Forme äquivalent um, sodass die Wurzel allein auf einer Seite steht.
III. Quadriere ggf. erneut, um die Wurzel aufzulösen, sodass x allein steht.
IV. Führe eine Probe durch. Wenn die Lösungen bei der Probe falsche Gleichungen ergeben, ist die Lösungsmenge leer.
V. Gib die Lösungsmenge an.

Beispiel:

$\sqrt{x} + 1 = -\sqrt{x+7}$ | Quadriere mithilfe der 2. binomischen Formel.
$x + 2\sqrt{x} + 1 = x + 7$ | Forme um, um die Wurzel allein auf eine Seite zu bekommen.
$\sqrt{x} = 3$ | Quadriere, um die Wurzel zu beseitigen.
$x = 9$

Probe:

$\sqrt{9} + 1 = -\sqrt{9+7}$; $4 \neq -4$ (Die Lösung führt zu einer falschen Aussage); $L = \{\}$

1.
a) $\sqrt{x} - 3 = 2$
b) $\sqrt{4x} = 1$
c) $2\sqrt{x-3} = 6$
d) $1 = 2 - \sqrt{x}$
e) $7 + \sqrt{5x+4} = 10$
f) $5 \cdot \sqrt{4x-5} = 20$
g) $\sqrt{x} = x$
h) $\sqrt{x+9} = 7$

2.
a) $\sqrt{x} = \sqrt{2x+7}$
b) $\sqrt{x-4} = -\sqrt{-x+36}$
c) $-\sqrt{x-45} = -5 + \sqrt{x}$
d) $\sqrt{4x-12} = \sqrt{12+x} - \sqrt{x}$

3.

$\sqrt{x+7} = -4$	$L = \{3\}$
$\sqrt{x-3} - \sqrt{x+2} = -1$	$L = \{7\}$
$\sqrt{x-4} + 3 = \sqrt{x+11}$	$L = \{\ \}$
$\sqrt{x+26} = 3 \cdot \sqrt{x-6}$	$L = \{5\}$
$3 = \sqrt{x+6}$	$L = \{6\}$
$6 \cdot \sqrt{x-5} = \sqrt{x+30}$	$L = \{10\}$

Zusatzstation A
Kubikwurzeln und n-te Wurzeln

Material

Die Kubikwurzel, auch 3. Wurzel genannt, aus einer positiven Zahl a, ist diejenige positive Zahl, die dreimal mit sich selbst multipliziert a ergibt (geschrieben: $\sqrt[3]{a}$).
Die N-te Wurzel einer positiven Zahl a, ist diejenige positive Zahl, die n-mal mit sich selbst multipliziert a ergibt. Man sagt die 4. Wurzel für n = 4, die 5. Wurzel für n = 5, usw. ($\sqrt[n]{a}$).

Beispiele:

$\sqrt[3]{8} = 2$, denn $2^3 = 8$ $\sqrt[4]{81} = 3$, denn $3^4 = 81$ $\sqrt[5]{1024} = 4$, denn $4^5 = 1024$

1.
a) $\sqrt[3]{1000}$ b) $\sqrt[3]{8000}$ c) $\sqrt[3]{64}$ d) $\sqrt[3]{125}$
e) $\sqrt[3]{343}$ f) $\sqrt[3]{2197}$ g) $\sqrt[3]{3375}$ h) $\sqrt[3]{\frac{1}{8}}$

2.
a) $\sqrt[3]{50}$ b) $\sqrt[3]{245}$ c) $\sqrt[3]{712}$ d) $\sqrt[3]{1111}$
e) $\sqrt[3]{4566}$ f) $\sqrt[3]{5500}$ g) $\sqrt[3]{0{,}2}$ h) $\sqrt[3]{\frac{3}{10}}$ $\sqrt{\frac{1}{8}}$

3.
a) $\sqrt[4]{x} = 2$ b) $\sqrt[5]{x} = 3$ c) $\sqrt[5]{1024} = x$ d) $\sqrt[4]{6561} = x$ e) $\sqrt[x]{\frac{1}{64}} = 0{,}5$ f) $\sqrt[x]{19683} = 3$

4.
Ein Würfel hat das Volumen V = 6859 cm³. Wie lang ist die Seitenlänge a?

Zusatzstation B
Teilweises Wurzelziehen

Beim **teilweisen Wurzelziehen** wird der Radikant in ein Produkt/Quotient aus einer Zahl und einer Quadratwurzel zerlegt. Hierbei die folgenden Zusammenhänge:

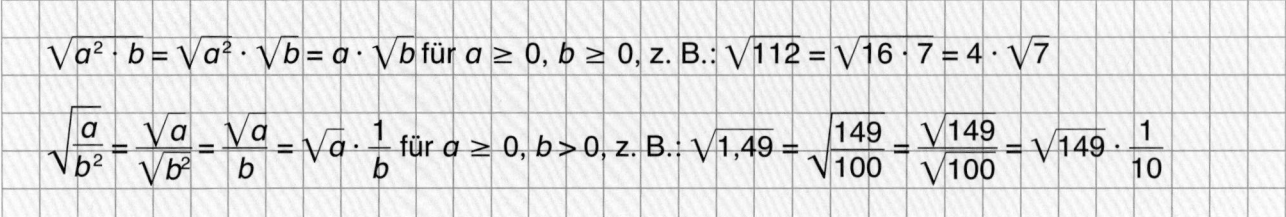

$\sqrt{a^2 \cdot b} = \sqrt{a^2} \cdot \sqrt{b} = a \cdot \sqrt{b}$ für $a \geq 0, b \geq 0$, z. B.: $\sqrt{112} = \sqrt{16 \cdot 7} = 4 \cdot \sqrt{7}$

$\sqrt{\dfrac{a}{b^2}} = \dfrac{\sqrt{a}}{\sqrt{b^2}} = \dfrac{\sqrt{a}}{b} = \sqrt{a} \cdot \dfrac{1}{b}$ für $a \geq 0, b > 0$, z. B.: $\sqrt{1{,}49} = \sqrt{\dfrac{149}{100}} = \dfrac{\sqrt{149}}{\sqrt{100}} = \sqrt{149} \cdot \dfrac{1}{10}$

1.
a) $\sqrt{45}$ b) $\sqrt{68}$ c) $\sqrt{275}$ d) $\sqrt{108}$ e) $\sqrt{98}$ f) $\sqrt{4000}$

2.
a) $\sqrt{\dfrac{2}{49}}$ b) $\sqrt{\dfrac{5}{64}}$ c) $\dfrac{\sqrt{7}}{\sqrt{169}}$ d) $\sqrt{0{,}06}$ e) $\sqrt{\dfrac{11}{400}}$ f) $\sqrt{3{,}63}$

3.
a) $3 \cdot \sqrt{11}$ b) $5 \cdot \sqrt{21}$ c) $0{,}5 \cdot \sqrt{12}$ d) $\dfrac{1}{3} \cdot \sqrt{\dfrac{9}{2}}$

4.
a) $\sqrt{13a^2}$ b) $\sqrt{25a^2 b}$ c) $\sqrt{\dfrac{a^2}{84}}$ d) $\sqrt{\dfrac{2a^2}{b^4}}$ e) $\sqrt{a^2 b}$ f) $\sqrt{\dfrac{5a}{b^2}}$

Zusatzstation C
Quadratwurzelgleichungen II

Material

Für das Lösen von schwierigeren Quadratwurzelgleichungen wird der Umgang mit der p-q-Formel vorausgesetzt.

---

p-q-Formel: $\quad x^2 + px + q = 0$

$$x_{1,2} = -\frac{p}{2} \pm \sqrt{\left(\frac{p}{2}\right)^2 - q}$$

Beispiel:

$x + 1 = \sqrt{x + 7} \quad$ | Quadrieren
$x^2 + 2x + 1 = x + 7 \quad$ | Umformen
$x^2 + x - 6 = 0 \quad$ | p-q-Formel
$p = 1, q = -6$

$$-\frac{1}{2} \pm \sqrt{\left(\frac{1}{2}\right)^2 + 6}$$

$x_1 = 2, x_2 = -3$

Probe:
$2 + 1 = \sqrt{2 + 7}$
$3 = 3$

$-3 + 1 \neq \sqrt{-3 + 7}$
$-2 \neq 2$

$L = \{3\}$

1.
a) $\sqrt{5x + 5} = 3 - 2x$
b) $x - 17 = \sqrt{2x + 1}$
c) $2 \cdot \sqrt{x + 7} = 4$
d) $4x - 11 = \sqrt{8x + 1} + 2x$

2.
a) $1 + \sqrt{x - 9} = \sqrt{x - 4}$
b) $\sqrt{x + 6} = 1 + \sqrt{x - 1}$
c) $\sqrt{x} = \sqrt{2x + 7}$
d) $\sqrt{x + 2} - \sqrt{x} = 1$

3.
a) $\sqrt[3]{x + 2} = 2$
b) $\sqrt[4]{32x} = 4$

Zusatzstation D
Sachaufgaben

1.
a) Die Quadratwurzel aus dem zweifachen einer Zahl ergibt 6.
b) Die Summe der Quadratwurzel aus dem sechsfachen einer Zahl und 5 ergibt 17.
c) Subtrahiert man 5 von der Quadratwurzel aus dem zwölffachen einer Zahl erhält man 1.
d) Die dritte Wurzel aus einer Zahl ergibt 8.

2.

a)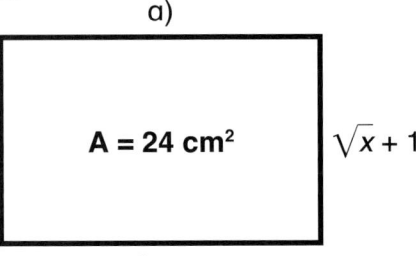
A = 24 cm², $\sqrt{x} + 1$, 6 cm

b)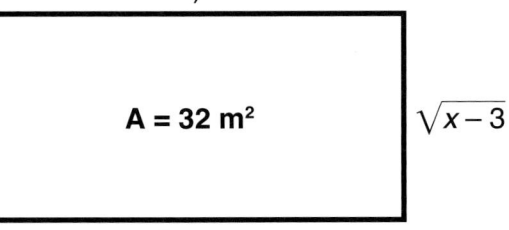
A = 32 m², $\sqrt{x-3}$, 8 cm

3.
Ein würfelförmiges Gefäß hat einen Rauminhalt von 4913 cm³. Peter möchte das Gefäß komplett bestreichen. Wie groß ist die zu färbende Fläche? (in cm² / m²)

4.

a)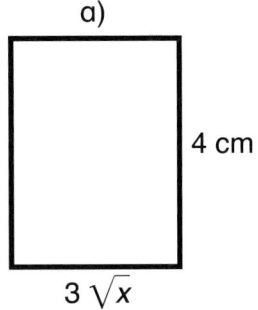
4 cm, $3\sqrt{x}$

b)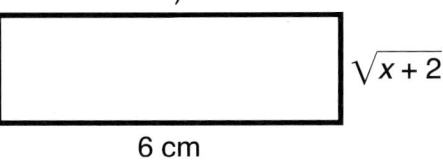
$\sqrt{x+2}$, 6 cm

Abschließende Bündelung des Stationenlernens
Aufgaben zur Wiederholung

Material

Wiederholung der Stationen 1–6 sowie der Zusatzstationen A–D

1. Fasse, wenn möglich, erst zusammen und berechne das Ergebnis mit dem Taschenrechner (gerundet auf vier Nachkommastellen).

   a) $4 + \sqrt{11}$
   b) $5 - \sqrt{35}$
   c) $\sqrt{2} + \sqrt{6} + \sqrt{2} + \sqrt{2} + \sqrt{3} + \sqrt{6}$
   d) $2 \cdot \sqrt{10} - (\sqrt{10} - \sqrt{11} + \sqrt{2})$
   e) $\sqrt{14} + \sqrt{11} + (\sqrt{11} - 4 \cdot \sqrt{14} - \sqrt{15}) - \sqrt{14}$

2. Berechne für a)–d) die Wurzeln durch Anwendung der Rechenregeln, beseitige für e)–h) die Wurzel im Nenner durch Termumformung. (ohne Taschenrechner)

   a) $\sqrt{8} \cdot \sqrt{60{,}5}$
   b) $4 \cdot \sqrt{3} \cdot \sqrt{6} \cdot \sqrt{2}$
   c) $\left(\dfrac{4}{25}\right)^{0{,}5}$
   d) $\sqrt{\dfrac{49}{9}} : \dfrac{\sqrt{64}}{\sqrt{225}}$
   e) $\dfrac{5}{\sqrt{7}}$
   f) $\dfrac{\sqrt{2} + \sqrt{3}}{\sqrt{3}}$
   g) $\dfrac{121}{\sqrt{2} \cdot \sqrt{8}}$
   h) $\dfrac{xy}{\sqrt{xy}}$

3. Löse die folgenden Wurzelgleichungen.

   a) $13 = \sqrt{x - 1} + 4$
   b) $-4 = \sqrt{x + 7}$
   c) $6 \cdot \sqrt{x - 50} = \sqrt{x - 15}$
   d) $\sqrt{x + 8} - 2 = \sqrt{x}$
   e) $\sqrt{\dfrac{2x - 5}{x + 1}} = 1$
   f) $\dfrac{2}{3} + \sqrt{\dfrac{x - 5}{x + 1}} = 1$
   g) $\sqrt{x + 7} + 1 = \sqrt{x + 2}$

4. Für welche Zahl x ist der Flächeninhalt von a) doppelt so groß wie der Flächeninhalt von b)? Bestimme weiterhin die Seitenlängen der Rechtecke sowie A.

   a)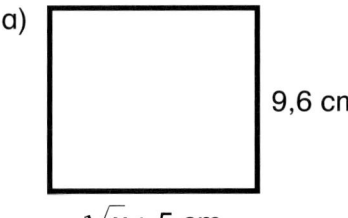

   b)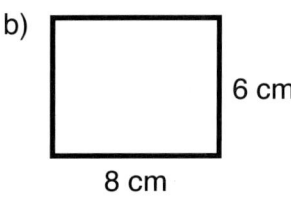

5. Ziehe teilweise die Wurzel. (ohne Taschenrechner)

   a) $\sqrt{32}$
   b) $\sqrt{125}$
   c) $\sqrt{243}$
   d) $\sqrt{4a}$
   e) $\sqrt{25x^2 y}$
   f) $\sqrt{81x^3}$
   g) $\sqrt{16x + 16y}$

6. Ziehe die n-te Wurzel. (ohne Taschenrechner)

   a) $\sqrt[5]{243}$
   b) $\sqrt[3]{3375}$
   c) $\sqrt[3]{\sqrt{64}}$
   d) $256^{\frac{1}{4}}$

II – Praxis: Materialbeiträge

Laufzettel

zum Stationenlernen *Lineare Gleichungssysteme*

Station 1
Einführung Gleichungssysteme

Station 2
Grafische Lösungen

Station 3
Gleichsetzungsverfahren

Station 4
Einsetzungsverfahren

Station 5
Additionsverfahren

Station 6
Sachaufgaben

Zusatzstation A
Lineare Ungleichungssysteme

Zusatzstation B
Sachaufgaben aus der Geometrie

Zusatzstation C
Gleichungssysteme mit 3 Variablen

Zusatzstation D
Lineare Optimierung

Kommentare:

Station 1
Einführung Gleichungssysteme

Aufgabe

Aufgabe:
Lerne verschiedene Gleichungssysteme kennen.

1. Welche der folgenden Gleichungssysteme sind quadratisch, welche nicht? Gib jeweils die Anzahl der Gleichungen und die Anzahl der Variablen an und schreibe in dein Heft.

2. Prüfe, ob die folgenden Lösungsmengen die Gleichungssysteme lösen. Schreibe in dein Heft.

Thomas Röser: Stationenlernen Mathematik
© Persen Verlag

Station 2
Grafische Lösungen

Aufgabe

Aufgabe:
Löse Gleichungssysteme mithilfe der grafischen Darstellung.

1. Bestimme die beiden Funktionsgleichungen aus der Grafik und gib die Lösungsmenge in deinem Heft an.

2. Bestimme die Lösungsmenge folgender Gleichungssysteme grafisch in deinem Heft.

3. Bearbeite die folgende Anwendungsaufgabe in deinem Heft.

Thomas Röser: Stationenlernen Mathematik
© Persen Verlag

Station 3
Gleichsetzungsverfahren

Aufgabe:
Löse Gleichungssysteme mithilfe des Gleichsetzungsverfahrens.

1. Gib die Lösungsmenge der folgenden einfachen Gleichungssysteme in deinem Heft an. Überprüfe das Ergebnis mit einer Probe.

2. Gib die Lösungsmenge der folgenden schwierigeren Gleichungssysteme in deinem Heft an. Forme zunächst um, sodass man das Gleichsetzungsverfahren anwenden kann. Überprüfe das Ergebnis mit einer Probe.

3. Welche der folgenden Gleichungssysteme hat eine Lösung, keine Lösung oder unendliche viele Lösungen? Berechne **L** in deinem Heft.

Thomas Röser: Stationenlernen Mathematik
© Persen Verlag

Station 4
Einsetzungsverfahren

Aufgabe:
Löse Gleichungssysteme mithilfe des Einsetzungsverfahrens.

1. Gib die Lösungsmenge der folgenden einfachen Gleichungssysteme in deinem Heft an. Überprüfe das Ergebnis mit einer Probe.

2. Gib die Lösungsmenge der folgenden schwierigeren Gleichungssysteme in deinem Heft an. Forme zunächst um, sodass man das Einsetzungsverfahren anwenden kann. Welche Gleichungssysteme haben eine, welche keine, welche unendlich viele Lösungen?

3. Gib die Lösungsmenge der folgenden Gleichungssysteme in deinem Heft an. Gib bei b) die Lösungsmenge in Abhängigkeit von dem Formparameter a an.

Thomas Röser: Stationenlernen Mathematik
© Persen Verlag

Station 5
Additionsverfahren

Aufgabe:
Löse Gleichungssysteme mithilfe des Additionsverfahrens.

1. Gib die Lösungsmenge der folgenden einfachen Gleichungssysteme in deinem Heft an. Überprüfe das Ergebnis mit einer Probe.

2. Gib die Lösungsmenge der folgenden schwierigeren Gleichungssysteme in deinem Heft an. Forme zunächst um, sodass man das Additionsverfahren anwenden kann. Welche Gleichungssysteme haben eine, welche keine, welche unendlich viele Lösungen?

3. Gib die Lösungsmenge in Abhängigkeit von dem Parameter a in deinem Heft an.

Thomas Röser: Stationenlernen Mathematik
© Persen Verlag

Station 6
Sachaufgaben

Aufgabe:
Bearbeite die Sachaufgaben.

Bearbeite die Sachaufgaben 1–5 nach dem folgenden Prinzip:

Gegeben sind jeweils ein Sachverhalt und eine Frage.

Deine Aufgabe ist es,
– ein Gleichungssystem aufzustellen,
– die Rechnung durchzuführen und
– die Lösungsmenge anzugeben.
Formuliere einen passenden Antwortsatz.

Thomas Röser: Stationenlernen Mathematik
© Persen Verlag

Zusatzstation A
Lineare Ungleichungssysteme

Aufgabe

Aufgabe:
Löse lineare Ungleichungssysteme.

1. Gegeben sind lineare Ungleichungssysteme. In welchem Bereich liegen die folgenden Zahlenpaare? Löse rechnerisch in deinem Heft. Welche Besonderheit hat der Punkt in c)?

2. Zeichne die folgenden Ungleichungssysteme in dein Heft (beschrifte die einzelnen Bereiche) und gib jeweils zwei Zahlenpaare an die Lösung sind und zwei Paare die keine Lösung sind. Bei welcher Aufgabe gehören Randgeraden und Schnittpunkt zum Lösungsbereich, bei welcher nicht?

3. Addiert man zu dem vierfachen einer Zahl x die Zahl y, so ist die Summe größer als 6. Beide Zahlen addiert sind kleiner als 5.
   Bearbeite die folgenden Teilaufgaben in deinem Heft.

Thomas Röser: Stationenlernen Mathematik
© Persen Verlag

Zusatzstation B
Sachaufgaben aus der Geometrie

Aufgabe

Aufgabe:
Bearbeite geometrische Sachaufgaben.

Bearbeite die Sachaufgaben 1–4 nach dem folgenden Prinzip:

Gegeben ist jeweils ein Sachverhalt und eine Frage.

Deine Aufgabe ist es,
– ein Gleichungssystem aufzustellen,
– die Rechnung durchzuführen und
– die Lösungsmenge anzugeben.
Formuliere einen passenden Antwortsatz.

Thomas Röser: Stationenlernen Mathematik
© Persen Verlag

Zusatzstation C
Gleichungssysteme mit 3 Variablen

Aufgabe:
Löse Gleichungssysteme, bestehend aus 3 Gleichungen mit 3 Variablen.

1. Bringe das Gleichungssystem in die Form für das Gauß-Verfahren und prüfe, ob die Werte für x, y und z das Gleichungssystem lösen.

2. Löse das folgende Gleichungssystem und gib L an. Mach auch eine Probe.

3. Bearbeite die folgenden Sachaufgabe in deinem Heft.

Thomas Röser: Stationenlernen Mathematik
© Persen Verlag

Zusatzstation D
Lineare Optimierung

Aufgabe:
Übe das Lösen von linearen Optimierungsproblemen.

1. Stelle zu der folgenden Sachaufgabe ein Ungleichungssystem mit Bedingungen auf und zeichne das Planungsgebiet in dein Heft. Gib alle möglichen Lösungen an die optimal sind. Beachte, dass die Lösung nur aus natürlichen Zahlen bestehen kann.

2. Stelle auch hier ein Ungleichungssystem mit Bedingungen auf und zeichne das Planungsgebiet in dein Heft. Gib zwei sinnvolle/optimale Lösungen an.

Thomas Röser: Stationenlernen Mathematik
© Persen Verlag

Station 1
Einführung Gleichungssysteme

Von einem **Gleichungssystem** spricht man, wenn z. B. zwei Gleichungen mit zwei Variablen vorliegen und die Lösungsmenge **L** beide Gleichungen gleichzeitig erfüllt. Die Lösungsmenge kann aus genau einer Lösung (L = {(x |y)}, L= {(x | y | z)}, usw.), keiner Lösung (L = { }) oder unendlich vielen Lösungen (L = {(x | y) | y = ... }) bestehen. Es gibt neben den quadratischen Gleichungssystemen (Anzahl Gleichungen = Anzahl Variablen) aber auch diejenigen, wo Anzahl der Gleichungen und Variablen nicht übereinstimmen.

Beispiel
Das folgende Gleichungssystem ist quadratisch. Es besteht aus 3 Gleichungen und 3 Variablen (x, y, z).

I. Gleichung: $x - 2y + 4z = 5$
II. Gleichung: $2y - 3z = 4$
III. Gleichung: $x - z = 2$

Um zu prüfen, ob die folgende Lösungsmenge $L = \{(5,5 \mid 7,25 \mid 3,5)\}$ das Gleichungssystem erfüllt, werden die Werte x, y, z in die drei Gleichungen eingesetzt:

I. $(5,5) - 2 \cdot (7,25) + 4 \cdot (3,5) = 5$ II. $2 \cdot (7,25) - 3 \cdot (3,5) = 4$ III. $(5,5) - (3,5) = 2$
   $5 = 5$ $4 = 4$ $2 = 2$

Die Lösungsmenge $L = \{(5,5 \mid 7,25 \mid 3,5)\}$ erfüllt die drei Gleichungen.

1.

a) I. $2x + 5y = 8$
   II. $-x + 5y = 6$

b) I. $-0{,}25x + 2y - 3 = 0$
   II. $x = -2{,}5y + 5$

c) I. $4x + y + 2z = 3$
   II. $2x + 3y - z - 2 = 0$
   III. $6x = 4y - 2z + 2$

d) I. $2x + 4y = 5 - z$
   II. $-4y + 2z = 4$

e) I. $4x + 2y = 8$
   II. $-3x = 9 - 6y$
   III. $0 = -2y - 4 + x$

f) I. $-x + 2y = 1$
   II. $4x = 2 + 3z$
   III. $-y - 2z - 3 = 0$

2.

a) I. $12x - 5y = 2$
   II. $-10x + 4y = 6$
   $L = \{(-19 \mid -46)\}$

b) I. $x - y + z = -1$
   II. $2x = -3y - 4z + 1$
   III. $-2x - 3y = z + 2$
   $L = \{(-1{,}8 \mid 0{,}2 \mid -1)\}$

c) I. $-0{,}7x + 0{,}8y = 3{,}2$
   II. $1{,}4x = -2{,}6y + 5{,}5$
   $L = \{(-1\frac{1}{3} \mid 2\frac{5}{6})\}$

d) I. $4x + 2y + 3z = 4$ II. $5y + 5z = -4$ III. $2x + z - 1 = 0$ $L = \{(2{,}3 \mid 2{,}8 \mid -3{,}6)\}$

Station 2
Grafische Lösungen

Um die Lösungsmenge eines linearen Gleichungssystems zu bestimmen, werden beide Geraden in die Form **y = mx + b** gebracht und einzelne Werte ins Koordinatensystem, z. B. mithilfe einer Wertetabelle, eingetragen. Der Schnittpunkt beider Geraden ist die gesuchte Lösungsmenge **L**.

Beispiel

Gesucht ist die Lösungsmenge der Geraden   I. $x + y - 2 = 0$ II. $-1 - y = 2x$

Auflösen nach y liefert: I. $y = -x + 2$ II. $y = -2x - 1$

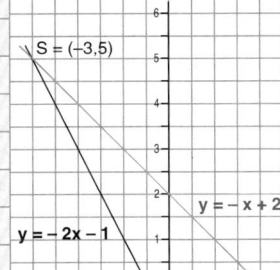

Die Geraden schneiden sich im Punkt S (–3 | 5). Die Lösungsmenge des Gleichungssystems ist L = {(–3 | 5)}.

Bemerkung

Laufen die Geraden z. B. parallel, so hat das Gleichungssystem keine Lösung. L = {( )}.

1. a) 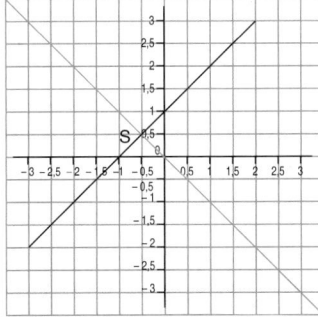   b) 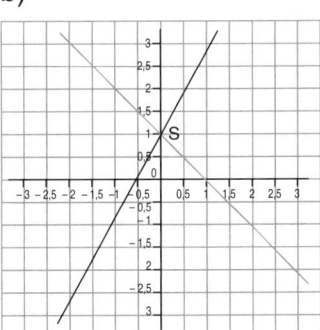   c)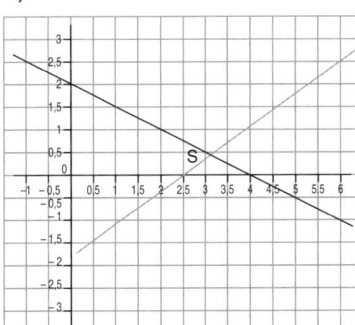

2.
a) I. $y = 3x + 2$ b) I. $x = 3 - y$ c) I. $3x + 3y = 6$ d) I. $2x - 4 + 2y = 0$
   II. $y = 2x + 1$ II. $3x + y + 1 = 0$ II. $2x - 1 = -2y$ II. $-4x - 4y = -8$

3.
Herr Baulig kauft beim Grillhaus 2 Döner und 4 Getränke wofür er 12 € zahlt. Frau Schuster zahlt für drei Döner und ein Getränk einen Euro mehr.
a) Schreibe zwei Gleichungen auf (x: Preis für einen Döner), (y: Preis für ein Getränk).
   2 Döner + 4 Getränke = 12 € und 3 Döner + 1 Getränk = 13 €
b) Zeichne ins Koordinatensystem. Lies den Preis für einen Döner und ein Getränk ab.

Station 3
Gleichsetzungsverfahren

Beim Gleichsetzungsverfahren wird die Lösungsmenge durch „Gleichsetzen der Gleichungen" ermittelt. Beide Gleichungen werden nach einer Variablen umgestellt, z. B. nach y. Da y bei beiden gleich sein soll, kann man die Gleichungen gleichsetzen.

Beispiel
Löse das lineare Gleichungssystem durch Gleichsetzen:

I. $3x - y = 9$
II. $4x + y = 19$

1) Auflösen nach derselben Variablen:

   I. $y = 3x - 9$
   II. $y = -4x + 19$

2) Gleichsetzen der Gleichungen und Auflösen nach x:

   $3x - 9 = -4x + 19$
   $x = 4$

3) x-Wert in I. oder II. einsetzen und lösen.

   I. $3 \cdot (4) - y = 9$
   $y = 3$
   II. $4 \cdot (4) + y = 19$
   $y = 3$

4) Probe: $3 \cdot (4) - 3 = 9$
   $9 = 9$
   $4 \cdot (4) + 3 = 19$
   $19 = 19$

5) Lösungsmenge angeben: $L = \{(4 \mid 3)\}$

1.
a) I. $y = -x + 6$ II. $y = -2x + 2$
b) I. $y = 3x - 11$ II. $y = 5x - 23$
c) I. $y = -x - 2$ II. $y = -3x - 14$
d) I. $y = 1{,}5x - 20$ II. $y = -x + 5$
e) I. $x = 5y - 3$ II. $x = 3y + 1$
f) I. $x = y - 5$ II. $x = -3y + 3$

2.
a) $x + 4y = 5$
   $x + 2y = 3$

b) $3x + y = 11$
   $7x - y - 39 = 0$

c) $-21 = 6y + 3x$
   $9x = 9 + 6y$

d) $-x + 8y = 23$
   $8y = 20 + 4x$

e) $-10{,}8 + 2y = 9x$
   $2x + 21{,}2 = -10y$

f) $3x - 1 = 2y$
   $5x - 2y - 11 = 0$

3.
a) $28{,}8 + 9x = -0{,}6y$
   $-21{,}6 + 2{,}4y = -36x$

b) $39 + 3x + 6y = 0$
   $18y + 9x = -117$

c) $1 + 2y = \frac{2}{3}x$
   $y + \frac{11}{4} - \frac{3}{4}x = 0$

Station 4
Einsetzungsverfahren

Beim Einsetzungsverfahren wird die Lösungsmenge durch „Einsetzen" ermittelt.
Eine Gleichung wird nach einer Variablen aufgelöst. Dieses x bzw. y ist dann dasselbe x bzw. y der anderen Gleichung und kann dort eingesetzt werden.

Beispiel
Löse das lineare Gleichungssystem durch Einsetzen.

I. $2x + 3y = 4$
II. $10x + y = -8$

1) Eine Gleichung nach einer Variablen auflösen:

I. $2x + 3y = 4$
II. $y = -10x - 8$

2) y-Term in die andere Gleichung einsetzen:

$2x + 3 \cdot (-10x - 8) = 4$
$x = -1$

3) x-Wert in I. und II. einsetzen und lösen. Zur Probe in beide:

I. $2 \cdot (-1) + 3y = 4$
    $y = 2$
II. $10 \cdot (-1) + y = -8$
    $y = 2$

4) Probe: $2 \cdot (-1) + 3 \cdot (2) = 4$ $10 \cdot (-1) + 2 = -8$
           $4 = 4$ $-8 = -8$

5) Lösungsmenge angeben: $L = \{(-1 \mid 2)\}$

1.

a) I. $x + y = 9$ II. $y = x - 13$ b) I. $-2x + 3y = -13$ II. $y = 3x - 16$

c) I. $y = 3x + 9$ II. $4y - 5x = 22$ d) I. $3x - 9y = 39$ II. $y = -21 - 8x$

e) I. $x - 2y = -10{,}5$ II. $x = 3y - 6{,}5$ f) I. $2x + \frac{3}{5}y = 2\frac{2}{5}$ II. $x = -\frac{1}{3}y + \frac{7}{6}$

2.

a) $x + 2y = 2$
   $3x - 5y = 6$

b) $16 - 2x = -3y$
   $5 - 3x = 5y$

c) $2x + 4y - 10 = 0$
   $0{,}5x + y = 1{,}5$

d) $2x + 3y - 1 = 0$
   $3y + 12x = 99$

e) $2y = 3x + 2$
   $3{,}2y - 4{,}8x = 3{,}2$

f) $0{,}5x = -\frac{2}{3}y + \frac{9}{4}$
   $-1{,}3 = \frac{4}{5}y - x$

3.

a) I. $4 \cdot (x + 1) + y = 2y - 2$ II. $2 \cdot (y + 3) - 3 \cdot (x + 1) = 0$

b) I. $3x + 2y = a$ II. $y = a - x$

Station 5
Additionsverfahren

Material

Beim Additionsverfahren wird die Lösung durch „Addieren der Gleichungen" bestimmt. Es werden hier zwei Gleichungen mit dem Ziel addiert, dass eine Variable wegfällt.

Beispiel
Löse das lineare Gleichungssystem durch Addieren.

I. $3x - 4y = 3$
II. $2x + 2y = 16$

1) Umformen:

I. $3x - 4y = 3$
II. $2x + 2y = 16 \mid \cdot 2$

2) Addieren:

$3x - 4y = 3$
$+\ 4x + 4y = 32$
$7x = 35 \quad$ I.
$x = 5$

3) x-Wert in I. und II. einsetzen und lösen.
Zur Probe in beide Gleichungen einsetzen:
$3 \cdot (5) - 4y = 3$
$y = 3$
II. $2 \cdot (5) + 2y = 16$
$y = 3$

4) Probe: $3 \cdot (5) - 4 \cdot (3) = 3 \qquad 2 \cdot (5) + 2 \cdot (3) = 16$
$3 = 3 16 = 16$

5) Lösungsmenge angeben: $L = \{(5 \mid 3)\}$

Bemerkung:
Wie bereits bekannt, verändern Äquivalenzumformungen die Lösungsmenge nicht. Daher dürfen z. B. zwei Gleichungen addiert werden, um eine Variable zu beseitigen.

1.

a) I. $2x + y = 1$ \qquad II. $3x - y = 4$ \qquad b) I. $x + 2y = 20$ \qquad II. $-4x - 2y = -26$

c) I. $-3x - 4y = 11$ \qquad II. $3x + 2y = -1$ \qquad d) I. $5x + 2y = -13$ \qquad II. $-2x - 2y = 4$

e) I. $52 = 6y + 8x$ \qquad II. $63 = -6y + 15x$ \qquad f) I. $\frac{5}{9}x + 2y = \frac{2}{9}$ \qquad II. $3x - 2y = -5{,}2$

2.

a) $5x - 6y = 8{,}5$
$3y + x = 8$

b) $2{,}5x = y + 28$
$5x + 3y - 41 = 0$

c) $2x + 2y = 10$
$2y = 16 + 6x$

d) $4x + 7y - 12 = 0$
$\frac{7}{8}y - 1\frac{1}{2} = -0{,}5x$

e) $-4 + 4y = -2x$
$0{,}25x - 1{,}5 = -0{,}5y$

f) $7y - 5x = 101$
$-12 - 4x = 3y$

3.

a) I. $y + 2x = a$ \qquad II. $x - 3y - 4a = 0$ \qquad b) I. $x - 2a = -y$ \qquad II. $3x - a - 5 - 2y = 0$

Station 6
Sachaufgaben

Material

Ein **Beispiel** zur Verwendung linearer Gleichungssysteme in Sachaufgaben:

Sachverhalt: Die Summe zweier Zahlen ist 15. Das doppelte der ersten Zahl ist genau so groß wie das dreifache der zweiten Zahl.
Frage: Wie lauten die beiden Zahlen?

Rechnung/Gleichungen aufstellen:

$$x + y = 25$$
$$2x = 3y \quad \Leftrightarrow \quad 2x - 3y = 0$$

Lösung: Rechnung durch eines des Verfahren liefert: $x = 9$, $y = 6$, $L = \{(9 \mid 6)\}$

Antwort: Die beiden Zahlen sind 9 und 6.

1. In der Garage eines KFZ-Händlers sind Autos und Motorräder. Die insgesamt 29 Fahrzeuge haben zusammen 82 Reifen. Wie viele Fahrzeuge von jeder Sorte stehen in der Garage?

2. Marie lädt 8 Singles und 10 Alben von einem Musikdienst aus dem Internet hoch. Mario hingegen kauft 13 Singles und nur 4 Alben. Marie zahlt 23,60 €, Mario zahlt 18,75 €. Berechne die Einzelpreise für die Singles und die Alben.

3. Zwei Sparbücher mit 4 600 € und 6 000 € Guthaben bringen zu verschiedenen Zinssätzen jährlich 295 € Zinsen. Würde man die Zinssätze vertauschen, würden sie nur noch 288 € Zinsen jährlich bringen. Wie hoch sind die beiden Zinssätze?

4. Ein LKW startet um 08:00 Uhr seine Fahrt und fährt durchschnittlich 75 km/h. Eine halbe Stunde später bemerkt sein Chef, dass der Fahrer die Lieferdokumente vergessen hat. Er setzt sich in seinen Pkw und folgt ihm mit einer Durchschnittsgeschwindigkeit von 100 km/h. Um wie viel Uhr holt der Chef den LKW ein und wie lange sind beide bis dahin gefahren?

5. Ein Vater ist 7 mal so alt wie sein Sohn. In 8 Jahren wird er 3 mal so alt sein. Wie alt sind die beiden heute, wie alt in 8 Jahren?

Zusatzstation A
Lineare Ungleichungssysteme

Gemeinsame Lösungen (x|y) von linearen Ungleichungssystemen sind Lösungen beider Ungleichungen. Die entsprechenden Punkte liegen in dem Lösungsbereich.

Beispiel: I. $4 - x - y > 3 \Leftrightarrow y < -x + 1$
II. $3x \leq 3y + 9 \Leftrightarrow y \geq x - 3$

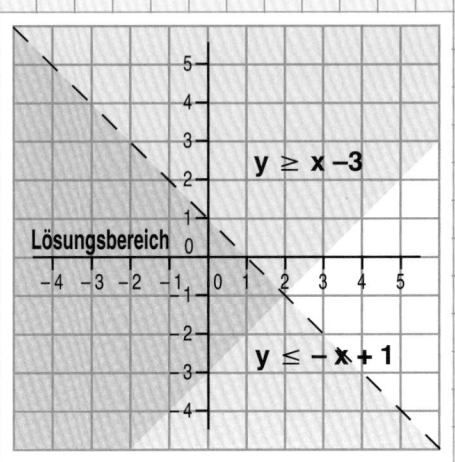

- P (–2|–1) liegt im Lösungsbereich (dunkelgrau).
  Einsetzen: I. $(-1) < -(-2) + 1$ II. $(-1) \geq (-2) - 3$
  $\qquad\quad -1 < 3 \qquad\qquad\quad -1 \geq -5$
  (Beide Ungleichungen stimmen.)

- P (4|–1) liegt in keinem Bereich (weiß).
  Einsetzen: I. $(-1) < -(4) + 1$ II. $(-1) \geq (4) - 3$
  $\qquad\quad -1 > -3 \qquad\qquad\quad -1 \leq 1$
  (Keine Ungleichung stimmt.)

- P (2|1) liegt nur im Bereich $y \geq x - 3$, aber nicht im Bereich $y < -x + 1$.
  (Nur die Ungleichung $y \geq x - 3$ stimmt.)

- P (2|–3) liegt nur im Bereich $y < -x + 1$, aber nicht im Bereich $y \geq x - 3$.
  (Nur die Ungleichung $y < -x + 1$ stimmt.)

Wegen $y \geq x - 3$ (größer gleich) zählen auch alle Zahlenpaare auf der *durchgezogenen Randgeraden* (inkl. S (2|–1)), die den Lösungsbereich eingrenzen, zur Lösung. Die Zahlenpaare auf der *gestrichelten Randgeraden*, die den Lösungsbereich eingrenzen, zählen wegen $y < -x + 1$ (kleiner) nicht zur Lösung.

1.
a) I. $y > 3x + 2$
   II. $y < -x + 4$
   P (–2|4)

b) I. $y < 2x - 3$
   II. $y > 0{,}5x + 1$
   P_1 (1|1), P_2 (3|4)

c) I. $y - 2x \leq -6$
   II. $2y \geq -5x + 6$
   P (2|–2)

2.
a) I. $-x > 4 - 2y$
   II. $-9x + 3y - 18 < 0$

b) I. $y > 2x + 7$
   II. $3x < 6 - 4y$

c) I. $6x - 3y \geq 9$
   II. $0{,}5x + 2y \leq -3$

3.
a) Stelle zwei Ungleichungen auf.
b) Zeichne ins Koordinatensystem und markiere die Bereiche.
c) Welche positiven Zahlen sind als Lösung möglich? Gebe zwei Zahlenpaare an.

Zusatzstation B
Sachaufgaben aus der Geometrie

1. Der Umfang eines Rechtecks beträgt 200 cm, wobei die größere Seite a um 8 cm länger ist als Seite b. Wie groß sind die beiden Seiten, wie groß der Flächeninhalt des Rechtecks?

2. Ein 69 cm langer Draht soll so zu einem gleichschenkligen Dreieck gebogen werden, dass die Basis um 3 cm länger als ein Schenkel ist. Wie lang sind Basis und der Schenkel des Dreiecks?

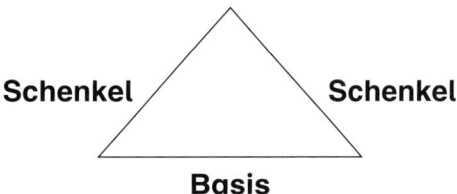

3. Der Winkel γ in einem Dreieck beträgt 32°. Der Winkel α ist um 22° größer als Winkel β. Wie groß sind die beiden Winkel α und β?

4. Ein Rechteck mit den Seiten a und b hat einen Umfang von 52 cm. Wird die Seite a um 4 cm verkürzt und die Seite b um 4 cm verlängert, entsteht ein neues Rechteck, dessen Flächeninhalt 32 cm² kleiner ist. Wie lang sind die Seiten des ursprünglichen und des neuen Rechtecks, wie groß die beiden Flächeninhalte?

Hinweis: Gib in der ersten Gleichung die Bedingung für den Umfang an, berücksichtige in der zweiten Gleichung, dass die Flächeninhalte gleich sind.

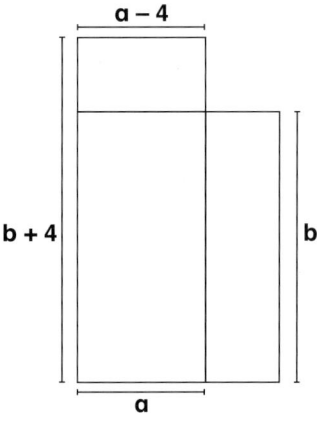

Zusatzstation C
Gleichungssysteme mit 3 Variablen

Auch für das Lösen von Gleichungssystemen mit 3 Gleichungen und 3 Variablen gibt es verschiedene Möglichkeiten.

Löse das Gleichungssystem mit dem **Gauß-Verfahren** (benannt nach dem deutschen Mathematiker Carl Friedrich Gauß [1777–1855]). Zur Anwendung sollen im Gleichungssystem zunächst alle Variablen untereinander stehen, z. B.:

I. $x + y - z = 2$
II. $3x + 3y + 5z = 4$
III. $-3x - y + z = 2$

Addiere II. und III.	Addiere 3 · I. und III.	Löse I. neu und II. neu nach z auf
$3x + 3y + 5z = 4$	$3x + 3y - 3z = 6$	I. neu $2y + 6z = 6$
$+ -3x - y + z = 2$	$+ -3x - y + z = 2$	II. neu $2y - 2z = 8$
I. neu $2y + 6z = 6$	II. neu $2y - 2z = 8$	$z = -0{,}25$

z einsetzen in I. neu/II. neu liefert $y = 3{,}75$ z, y einsetzen in I. liefert: $x = -2$

Probe: Setze x, y und z in I., II. und III. ein und überprüfe auf Gleichheit.
$L = \{(-2 | 3{,}75 | -0{,}25)\}$

Bemerkung: Die Schritte zum Auflösen sind nicht vorgeschrieben, es können z. B. $(-3) \cdot$ I. + II. und $(3) \cdot$ I. und III. addiert werden, usw.

1.

a) I. $x + 2y = 3 - z$
   II. $4x + y + 5z = 0$
   III. $x + 1 = -3y - 2z$

b) I. $3y + 4z = 2 + 2x$
   II. $2x - y - 2z - 4 = 0$
   III. $x = y - 2z - 1$

c) I. $0{,}5x + 1{,}5y + 3{,}5z = 1$
   II. $-0{,}5x + 2y + 4z = 2$
   III. $5x + y - z = -1$

2.

a) I. $x = y + z$ II. $x - 3y = 5 + 2z$ III. $4z + 5x = -y + 3$

b) I. $2x + 4z = 5 + y$ II. $2y = 7 + 10z - 5x$ III. $11 = 12x - 9y - 8z$

3.
Für die Schule benötigt Fabian 10 Hefte und 5 Kugelschreiber. Dafür zahlt er 11,50 €. Lena kauft 15 Hefte und zahlt einen Euro weniger als Fabian. Finn kauft 5 Hefte und einen Taschenrechner und zahlt dafür 13 €. Wie teuer sind die einzelnen Artikel?

Zusatzstation D
Lineare Optimierung

Bei linearen Ungleichungen, bekannt als Lösungsbereich, spricht man bei Optimierungsproblemen vom Planungsgebiet. Mit dessen Hilfe kann man wirtschaftliche Probleme lösen, z. B. bei Einkaufs- oder Herstellungsmengen. Man spricht dann vom „linearen Optimieren".

Beispiel
In einem Metallbetrieb werden Schrauben und Nägel von zwei Maschinen hergestellt. Maschine A produziert maximal 600 Packungen Schrauben am Tag, Maschine B maximal 800 Packungen Nägel. Im Lager können jedoch pro Tag nur 1100 Packungen gelagert werden. Die Schrauben bringen einen Gewinn von 1,35 €, die Nägel einen Gewinn von 95 Cent pro Packung.

a) Ungleichungssystem:
x = Anzahl Packungen A, y = Anzahl Packungen B

Bedingungen:
A schafft maximal 600 Packungen; $x \leq 600$
B schafft maximal 800 Packungen; $y \leq 800$
Im Lager maximal 1100 Packungen; $x + y \leq 1100$
Anzahl der Packungen ist positiv; $x > 0, y > 0$

b) Planungsgebiet zeichnen

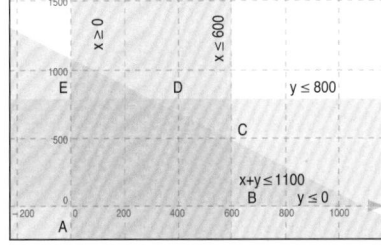

c) Der höchst mögliche Gewinn/optimale Lösung

Die optimale Lösung ist ein Zahlenpaar (x|y), das im Lösungsbereich möglichst weit rechts und oben liegt. Mögliche Zahlenpaare liegen daher auf der Strecke $\overline{DC}$, für die optimale Lösung kommen hier nur die Eckpunkte C und D in Frage.

D(300|800): 300 · 1,35 € + 800 · 0,95 €
             = 1165 €

C(600|500): 600 · 1,35 € + 500 · 0,95 €
             = 1285 €

Antwort: Der höchst mögliche Gewinn beträgt 1285 € und ergibt sich für 600 Packungen Schrauben und 500 Packungen Nägel.

1. Herr Klemens besitzt einen Reitstall. Er will in diesem Stall mindestens 10 Pferde und 5 Ponys haben. In den Stall passen höchstens 18 Tiere. Wie viele Pferde und wie viele Ponys könnte Herr Klemens besitzen?

2. Eine Schule bestellt Basketbälle und Fußbälle. Ein Basketball kostet 15 €, ein Fußball 10 €. Von den Basketbällen sind nur noch 6 Stück im Laden auf Lager, von den Fußbällen nur noch 5 Stück. Die Schule darf nicht mehr als 110 € ausgeben und muss von jeder Sorte mindestens einen Ball kaufen.

Abschließende Bündelung des Stationenlernens
Aufgaben zur Wiederholung

Material

Wiederholung der Stationen 1–6 sowie der Zusatzstationen A–D

1. Bestimme die Lösungsmenge der Gleichungssysteme grafisch.

   a) $2x + y - 1 = 0$
      $-x + y + 2 = 0$

   b) $2y + 2 = -3x$
      $-1{,}5x + 0{,}5y = 4$

   c) $2y = 3x + 3$
      $0{,}5y - 0{,}75x = -1{,}25$

2. Bestimme die Lösungsmenge der Gleichungssysteme rechnerisch. Verwende ein Verfahren deiner Wahl, aber benutze jedes der drei Verfahren mindestens einmal.

   a) I. $5x - 16 = -2y$
      II. $10x + 4y = 32$

   b) I. $\frac{1}{8}x + 2y = 3\frac{1}{4}$
      II. $3x - \frac{2}{5}y = 5{,}4$

   c) I. $3x - 2 \cdot (x + y) = 5$
      II. $-y + 3 \cdot (2x - y) - 4 = 0$

   d) I. $x - y - a + 4 = 0$
      II. $-y + 2x - 1 = 3a$

3. Eine zweistellige Zahl hat die Quersumme 11. Wird die Einerziffer vervierfacht, so ist die Quersumme 23.

4. Ein Bruch, dargestellt als gemischte Zahl erhält den Wert $1\frac{4}{5}$, wenn zu seinem Zähler 4 addiert und von seinem Nenner 4 subtrahiert werden. Der Bruch erhält den Wert $\frac{1}{13}$, wenn man von seinem Zähler 4 subtrahiert und zu seinem Nenner 4 addiert. Wie heißt der Bruch?

5. Formuliere eine Textaufgabe mit Frage aus dem Bereich der Geometrie, die zu dem linearen Gleichungssystem passt. Berechne auch die Werte.

   $$2a + 2b = 62 \text{ cm}^2$$
   $$3a = 2b$$

6. Zeichne bei a) und mache eine Probe für zwei Koordinatenwerte deiner Wahl, die im Lösungsbereich liegen. Löse das Gleichungssystem in b). Zeichne in c) das Planungsgebiet und gib die optimale Lösung an.

   a) I. $5x > 6 + 2y$
      II. $3y < 8 - x$

   b) I. $-x + y - z = -1$
      II. $x - 2y + 3z = -2$
      III. $4x + y + 5z = 8$

   c) $x \geq 1$
      $y \geq 1$
      $2x + 4y \geq 24$
      $x + y \geq 10$

Laufzettel

zum Stationenlernen *Satzgruppe des Pythagoras*

Station 1
Satz des Pythagoras

Station 2
Kathete und Hypotenuse

Station 3
Kathetensatz

Station 4
Höhensatz

Station 5
Anwendung bei ebenen Figuren

Station 6
Anwendung bei Sachproblemen

Zusatzstation A
Längenberechnung bei Körpern

Zusatzstation B
Formelherleitung und Beweisführung

Zusatzstation C
Anwendung des Pythagoras im Bereich Sport

Hinweis:
Runde, wenn nicht anders angegeben, auf zwei Nachkommastellen!

Kommentare:

Station 1
Satz des Pythagoras

Aufgabe

Aufgabe:
Übe den Umgang mit rechtwinkligen Dreiecken sowie deren Bezeichnungen.

1. Welche Dreiecke sind rechtwinklig, welche nicht? Benenne für die rechtwinkligen Dreiecke die Katheten und die Hypotenuse und schreibe die Gleichung nach dem Satz des Pythagoras auf. Benutze dein Heft.

2. Ermittle durch Abmessen die Seitenlängen der Dreiecke, benenne sie und schreibe in dein Heft.

3. Für welche Dreiecke gilt der Satz des Pythagoras? Zur Hilfe kannst du die Dreiecke auch in dein Heft zeichnen.

Thomas Röser: Stationenlernen Mathematik
© Persen Verlag

Station 2
Hypotenuse und Kathete

Aufgabe

Aufgabe:
Berechne Hypotenuse und Kathete.

1. Übertrage die Tabelle in dein Heft und berechne die fehlenden Seitenlängen der rechtwinkligen Dreiecke.

2. Bestimme in deinem Heft die fehlenden Seitenangaben x der folgenden rechtwinkligen Dreiecke. Schreibe auf, ob die Hypotenuse oder eine Kathete gesucht ist. Welches dieser Dreiecke ist gleichschenklig?

3. Zeichne ein Koordinatensystem in dein Heft, übernimm die folgenden Punkte und miss die einzelnen Seitenlängen ab. Bestimme die Hypotenuse zusätzlich rechnerisch. Überlege dir bei b) den Punkt C, sodass es ein rechtwinkliges Dreieck wird.

Thomas Röser: Stationenlernen Mathematik
© Persen Verlag

Station 3
Kathetensatz

Aufgabe:
Rechne mit dem Kathetensatz.

1. Berechne in deinem Heft jeweils die fehlende Seitenlänge im rechtwinkligen Dreieck mit $\gamma = 90°$. Gib in b) die Lösung für beide Einheiten an.

2. Berechne die gesuchten Strecken in deinem Heft.

3. Bearbeite die folgende Aufgabe in deinem Heft.

Thomas Röser: Stationenlernen Mathematik
© Persen Verlag

Station 4
Höhensatz

Aufgabe:
Rechne mit dem Höhensatz.

1. Berechne in deinem Heft jeweils die fehlende Seitenlänge im rechtwinkligen Dreieck mit $\gamma = 90°$ in Metern.

2. Um wie viel cm^2 ist der Flächeninhalt des ersten Rechtecks größer, als der Flächeninhalt des zweiten Rechtecks? Berechne in deinem Heft.

3. Bearbeite die folgende Aufgabe in deinem Heft.

Thomas Röser: Stationenlernen Mathematik
© Persen Verlag

Station 5
Anwendung bei ebenen Figuren

Aufgabe

Aufgabe:
Berechne Strecken, Flächeninhalt und Umfang bei ebenen Figuren.

1. Berechne die gesuchten Werte für die folgenden gleichseitigen Dreiecke in deinem Heft.
   (A = Flächeninhalt, U = Umfang)

2. In einem gleichschenkligen Dreieck (mit Basislänge g, Schenkellänge s und Höhe h) sind jeweils zwei Größen gegeben. Berechne die fehlende Größe in deinem Heft.

3. Berechne die gesuchten Längen in deinem Heft.
   a) Gleichschenkliges Trapez, gesucht: Seite a
   b) Drachen, gesucht: Strecke $\overline{AB}$

Station 6
Anwendung bei Sachproblemen

Aufgabe

Aufgabe:
Löse die Sachprobleme aus dem täglichen Leben.

Bearbeite die Sachaufgaben 1–4 nach dem folgenden Prinzip:

   Gegeben sind jeweils ein Sachverhalt und eine Frage, ggf. eine Skizze.

   Deine Aufgabe ist es,
   – die Rechnung durchzuführen,
   – ggf. eine Skizze zu zeichnen
     und einen passenden Antwortsatz zu formulieren.

Zusatzstation A
Längenberechnung bei Körpern

Aufgabe

Aufgabe:
Berechne Längen bei Körpern mithilfe rechtwinkliger Dreiecke.

1. Berechne die gesuchten Werte für eine Pyramide mit quadratischer Grundfläche in deinem Heft.

2. In der Skizze eines Kegels sind die Größen r = Radius, s = Mantellinie und h = Höhe gegeben. Berechne jeweils die fehlende Größe in deinem Heft.

3. Berechne für einen Würfel die folgenden Werte in deinem Heft.

Thomas Röser: Stationenlernen Mathematik
© Persen Verlag

Zusatzstation B
Formelherleitung und Beweisführung

Aufgabe

Aufgabe:
Leite Formeln her und beweise.

1. Leite die Formel $h = \sqrt{3} \cdot \frac{a}{2}$ aus der Formel $h^2 = a^2 - \left(\frac{a}{2}\right)^2$ in deinem Heft her und überprüfe anhand der folgenden Werte auf Gleichheit.

2. In einem gleichseitigen Dreieck gilt: $A = \frac{a \cdot h}{2}$. Leite eine Formel für den Flächeninhalt in deinem Heft her, indem du die Größe h beseitigst und anschließend anhand der folgende Werte auf Gleichheit überprüfst.

3. Beweise den Satz des Pythagoras $a^2 + b^2 = c^2$ anhand der folgenden Grafik in deinem Heft. Beschreibe die Grafik.

Thomas Röser: Stationenlernen Mathematik
© Persen Verlag

Zusatzstation C
Anwendung des Pythagoras im Bereich Sport

Aufgabe

Aufgabe:
Löse die Sachaufgaben aus dem Sportbereich.

Bearbeite die Sachaufgaben 1–4 nach dem folgenden Prinzip:

Gegeben sind jeweils ein Sachverhalt und eine Frage, ggf. eine Skizze.

Deine Aufgabe ist es,
– die Rechnung durchzuführen,
– ggf. eine Skizze zu zeichnen
 und einen passenden Antwortsatz zu formulieren.

Thomas Röser: Stationenlernen Mathematik
© Persen Verlag

Station 1
Satz des Pythagoras

Material

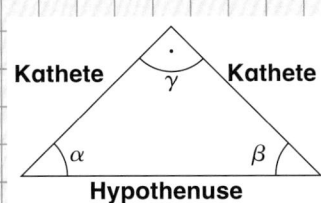

In einem **rechtwinkligen Dreieck** heißen die beiden Seiten, die den rechten Winkel einschließen, **Katheten**.
Die Seite gegenüber dem rechten Winkel heißt **Hypothenuse**. Die Hypothenuse ist die längste Seite des Dreiecks.

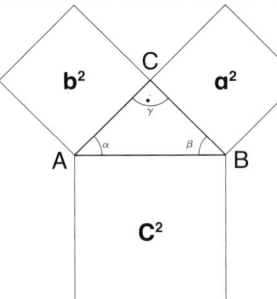

Der **Satz des Pythagoras** (benannt nach Pythagoras von Samos) besagt Folgendes:
In jedem rechtwinkligen Dreieck ($\gamma = 90°$) hat das Hypothenusenquadrat den gleichen Flächeninhalt wie die beiden Kathetenquadrate zusammen: $a^2 + b^2 = c^2$.
Gilt umgekehrt für ein Dreieck $a^2 + b^2 = c^2$, so liegt bei C ein rechter Winkel.

1. a) 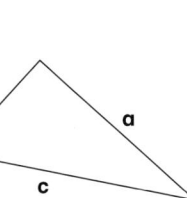 b) 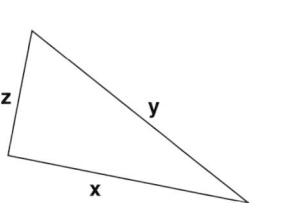 c) 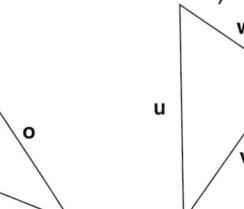 d) 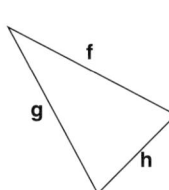 e)

2. a) 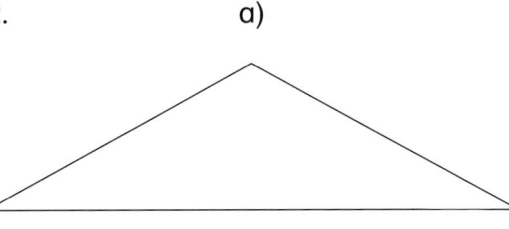 b)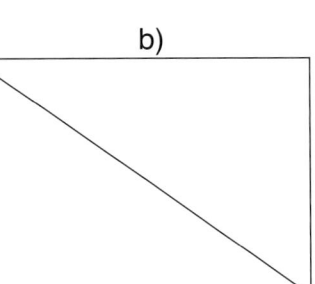

3)
a) $a = 3$ cm, $b = 4$ cm, $c = 5$ cm
b) $a = 3{,}6$ cm, $b = 5{,}7$ cm, $c \approx 6{,}74$ cm
c) $a = 2{,}4$ cm, $b = 1$ cm, $c = 2{,}6$ cm
d) $a = 12$ cm, $b = 5$ cm, $c = 14$ cm

Station 2
Hypotenuse und Kathete

Um die **Hypotenuse** oder eine **Kathete** zu berechnen, gehst du so vor:

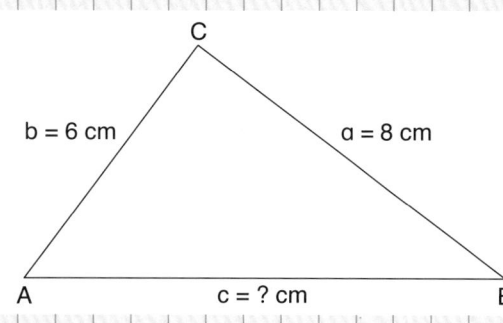

Beispiel 1
gegeben: Kathete a = 8 cm, Kathete b = 6 cm
gesucht: Seite c (Hypotenuse)

Rechnung: $a^2 + b^2 = c^2$ | einsetzen
$c^2 = (8\,cm)^2 + (6\,cm)^2$
$c^2 = 100\,cm^2$ | $\sqrt{}$
$c = 10\,cm$

Beispiel 2
gegeben: Kathete b = 2,8 cm, Hypotenuse c = 5,05 cm
gesucht: Kathete a

Rechnung: $a^2 = c^2 - b^2$ | einsetzen
$a^2 = (5,05\,cm)^2 - (2,8\,cm)^2$
$a \approx 4,20\,cm$

1.

	a)	b)	c)	d)	e)	f)
a	3	8		5,4	7	
b	5		7,8	6,2		14,7
c		11	15		25	34,6

2. a) 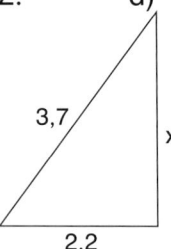   b) 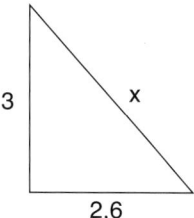   c) 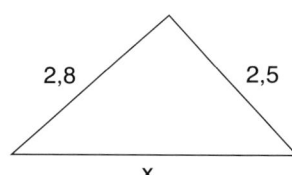   d)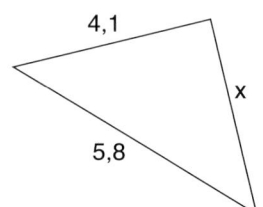

3. a) A (1|1), B (6|5), C (1|5)   b) A (−3|0), B (2|5), C (?|?)

Station 3
Kathetensatz

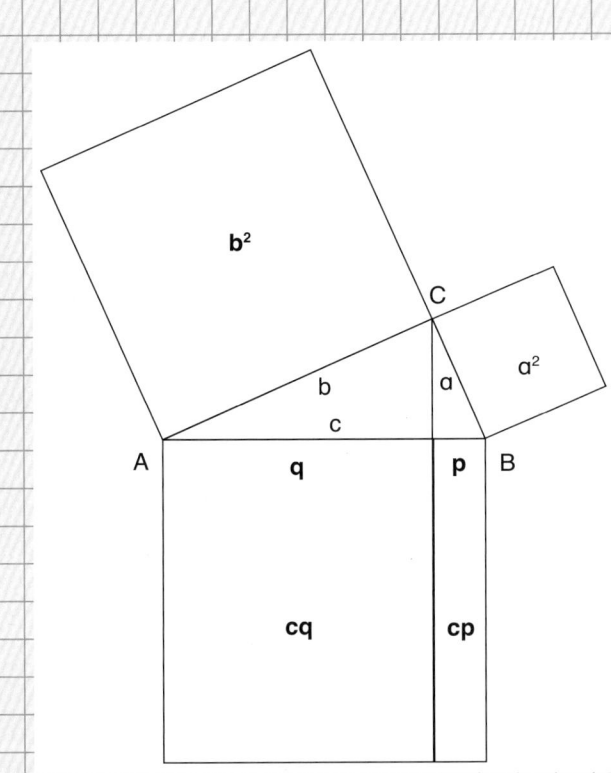

Der **Kathetensatz** (auch bekannt als Kathetensatz des Euklid [griechischer Mathematiker]) besagt, dass in jedem rechtwinkligen Dreieck das Quadrat über einer Kathete den **gleichen Flächeninhalt** hat wie das Rechteck, das aus der Hypotenuse und dem anliegenden Hypotenusenabschnitt gebildet wird.

Die Hypotenusenabschnitte werden mit p und q bezeichnet (Die zur Seite c gehörende Höhe h_c teilt die Hypotenuse in zwei Teilstrecken).

Dabei gilt: **$a^2 = c \cdot p$ und $b^2 = c \cdot q$.**

Beispiel
Im rechtwinkligen Dreieck ABC mit $\gamma = 90°$ sind folgende Werte bekannt:
gegeben: a = 7 cm und p = 6 cm
gesucht: c

Rechnung: $c = a^2 : p$
$c = (7 \text{ cm})^2 : 6 \text{ cm}$
$c \approx 8{,}17 \text{ cm}$

1. a)

a	6 m		0,2 m
c	8,6 m	56,25 cm	
p		6 cm	0,18 m

b)

b		138 cm	5100 mm
c	5,3 m		64 dm
q	3,8 m	0,8 m	

2. a)

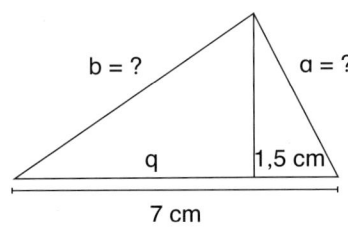

b)

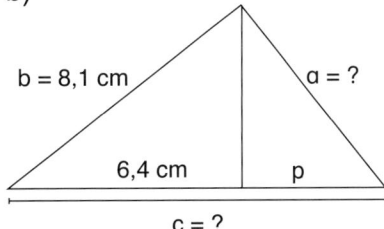

c) gegeben: p = 5,5 cm; a = 8,4 cm   gesucht: c, q, b

3. Berechne die Seitenlängen a, b, c eines rechtwinkligen Dreiecks ABC mit
   a) $\alpha = 90°$ b) $\beta = 90°$
   Die Hypotenusenabschnitte sind 3,3 cm und 1,2 cm. Fertige auch eine Skizze an.

Station 4
Höhensatz

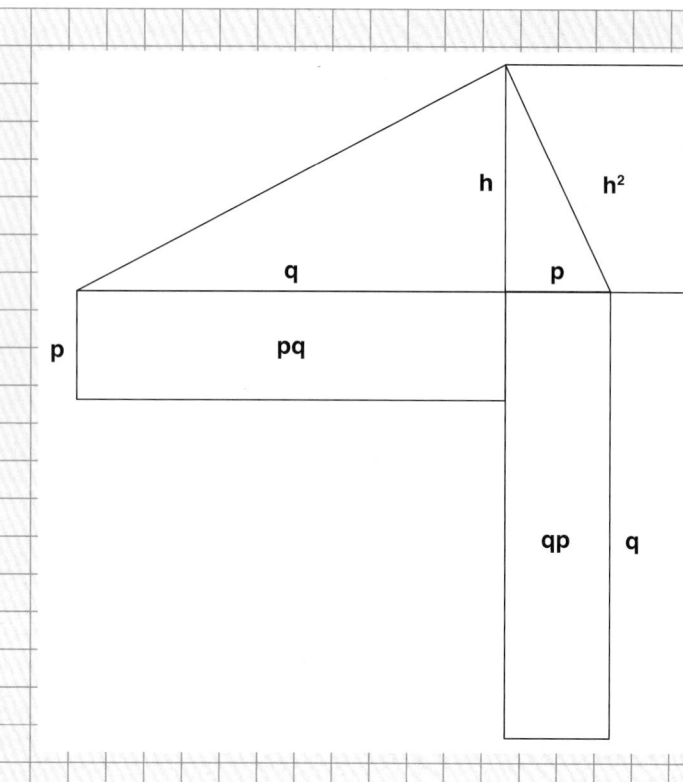

Der **Höhensatz** (auch bekannt unter Höhensatz des Euklid [griechischer Mathematiker]) besagt, dass in jedem rechtwinkligen Dreieck das Höhenquadrat den gleichen Flächeninhalt hat, wie die beiden Rechtecke die aus den Hypotenusenabschnitten gebildet werden.

Dabei gilt: $h^2 = p \cdot q = q \cdot p$.

Beispiel
Im rechtwinkligen Dreieck ABC mit $\gamma = 90°$ sind folgende Werte bekannt:
gegeben: $h = 4{,}3$ cm und $q = 3{,}1$ cm
gesucht: p
Rechnung: $p = h^2 : q$
$p = (4{,}3 \text{ cm})^2 : 3{,}1 \text{ cm}$
$p \approx 5{,}96$ cm

1.

h		0,03 km	234 mm	28,2 m	3,8 m	
p	2,5 m		1,1 m	1400 cm		2,4 km
q	3,8 m	210 dm			79 dm	0,1 km

2. a)

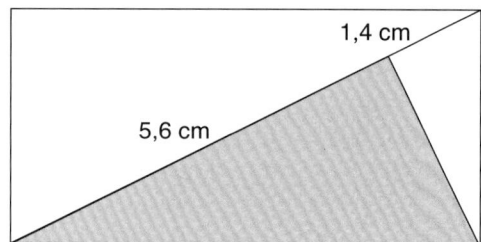

b)

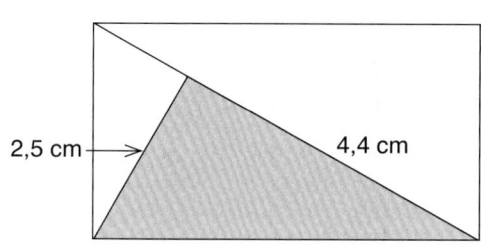

3.
Gegeben ist der Flächeninhalt eines Quadrates. Konstruiere dieses Quadrat mithilfe des Höhensatzes für
a) $A = 6 \text{ cm}^2$
b) $A = 14 \text{ cm}^2$

Station 5
Anwendung bei ebenen Figuren

Mit dem **Satz des Pythagoras** können auch Seitenlängen in **ebenen Figuren** ermittelt werden, z. B. im gleichseitigen Dreieck, Rechteck oder Trapez. Dafür werden in den Figuren rechtwinklige Dreiecke gesucht, oder durch Hilfslinien geeignete rechtwinklige Dreiecke in die Figuren eingezeichnet.

Beispiel
Gleichseitiges Dreieck mit a = 5 cm

Gesucht: Höhe h (Anwendung Pythagoras)

$h^2 = a^2 - \left(\frac{a}{2}\right)^2$

$h^2 = (5\,cm)^2 - \left(\frac{5\,cm}{2}\right)^2$

$h \approx 4{,}33\,cm$

Im gleichseitigen Dreieck gilt: $h = \sqrt{3} \cdot \frac{a}{2}$.

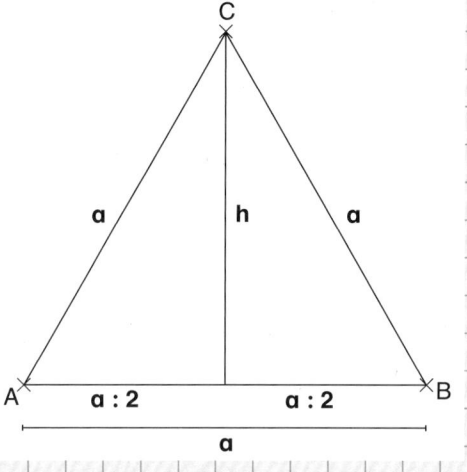

1.
a) gegeben: a = 8 cm; gesucht: h, A
b) gegeben: a = 3,5 cm; gesucht: h, A, U
c) gegeben: h = 4,8 dm; gesucht: a, A
d) gegeben: h = 12 mm; gesucht: a, A, U

2.
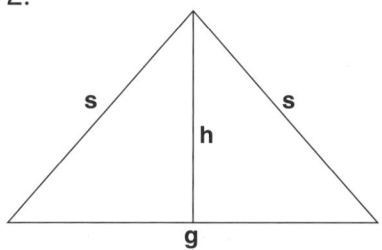

a) g = 8 cm, s = 6 cm
b) s = 6 dm, h = 4 dm
c) h = 12 m, g = 33 m

3. a)
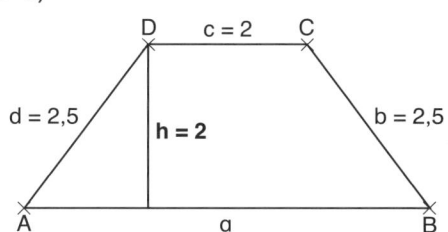

b)
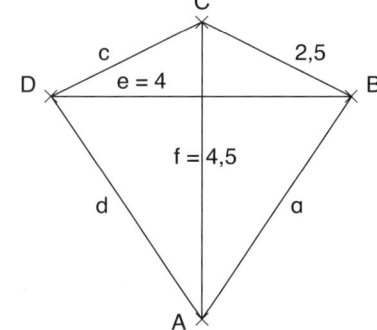

Station 6
Anwendung bei Sachproblemen

Beispiel:

Sachverhalt: Die Bildfläche eines Laptops beträgt 21 cm · 37 cm.
Aufgabe: Berechne die Bildschirmdiagonale.
Rechnung: Mithilfe des Satz des Pythagoras:
$c^2 = a^2 + b^2$
$c^2 = (21\ cm)^2 + (37\ cm)^2$
$c \approx 42{,}54\ cm$
Antwort: Die Bildschirmdiagonale beträgt 42,54 cm.

1.
Eine 5,80 m lange Leiter steht am Fußpunkt 1,4 m von einer Mauer entfernt. In welcher Höhe berührt die Leiter die Mauer?

2.

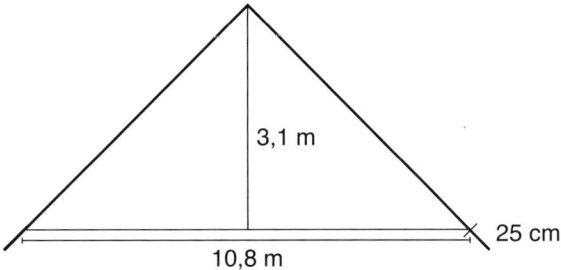

Ein Hausdach hat folgende Abmessungen. Wie lange müssen die Dachbalken sein (dick markiert)? Beachte, das diese auf beiden Seiten 25 cm überstehen.

3.
Ein 7 m hoher und ein 3 m hoher Turm sollen an ihrer höchsten Stelle mit einem Draht verbunden werden. Die Türme stehen 8 m auseinander. Wie lange muss der Draht mindestens sein, um die Türme zu verbinden? Fertige dazu eine Skizze an.

4.

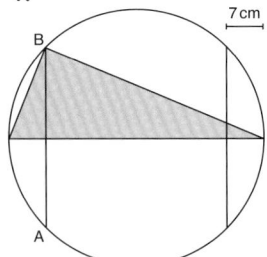

Ein Baumstamm ist 40 cm dick. Daraus soll die folgende Leiste hergestellt werden, während an beiden Seiten jeweils 7 cm abgeschliffen werden. Wie lang ist die Seitenstrecke $\overline{AB}$?

Zusatzstation A
Längenberechnung bei Körpern

Um Längen in Körpern zu berechnen, müssen geeignete rechtwinklige Dreiecke gefunden und eingezeichnet werden, z. B.:

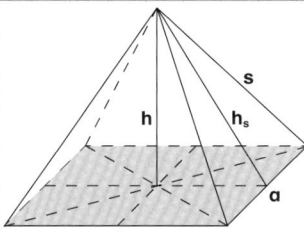

Gegeben ist eine Pyramide mit quadratischer Grundfläche und folgenden Werten:
$a = 5$ cm, $h_s = 4{,}75$ cm
gesucht: h und s

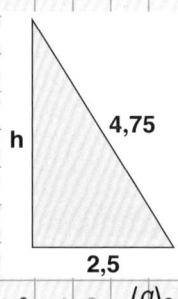

$h^2 = h_s^2 - \left(\dfrac{a}{2}\right)^2$
$h \approx 4{,}04$ cm

$s^2 = \left(\dfrac{a}{2}\right)^2 + h_s^2$
$s \approx 5{,}37$ cm

1.
a) gegeben: $a = 8$ cm, $h = 5$ cm gesucht: h_s, s
b) gegeben: $h_s = 7{,}5$ dm, $h = 6$ dm gesucht: a, s
c) gegeben: $s = 13{,}8$ m, $h_s = 11{,}2$ m gesucht: a, h
d) gegeben: $a = 3{,}2$ cm, $s = 54$ mm gesucht: h_s, h in m

2.
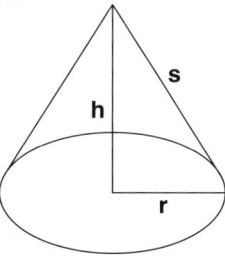

$r = 3$ cm, $s = 5$ cm   b) $r = 7$ cm, $h = 4{,}5$ cm   c) $s = 12{,}6$ m, $h = 6{,}3$ m

3.
a) Länge der Flächen-, und Raumdiagonalen bei der Kantenlänge $a = 4$ cm.
b) Kantenlänge und Länge der Flächendiagonalen bei der Raumdiagonalen $e = 6{,}6$ cm.

Zusatzstation B
Formelherleitung und Beweisführung

Verschiedene Formeln können durch geschicktes Umformen von Rechenregeln hergeleitet werden, z. B. das Berechnen der Höhe/Flächeninhalt in einem gleichseitigen Dreieck. Unter einem Beweis versteht man in der Mathematik eine Herleitung auf Richtigkeit/Unrichtigkeit einer Aussage.

1.
a) $a = 7$ cm   b) $a = 12{,}5$ cm   c) $a = 17{,}8$ cm

2.
a) $a = 7$ cm   b) $a = 12{,}5$ cm   c) $a = 17{,}8$ cm

3.

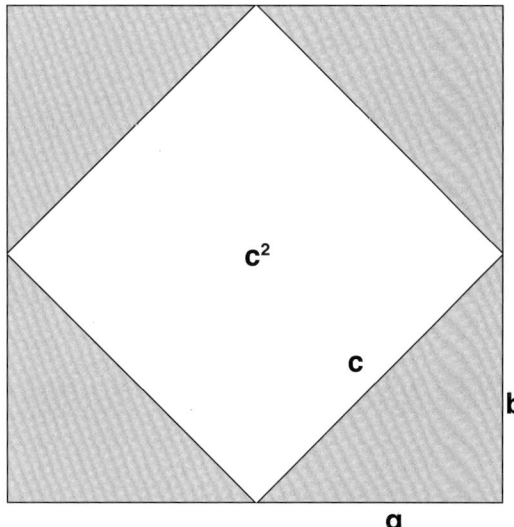

Zusatzstation C
Anwendung des Pythagoras im Bereich Sport

1. Ein Fußballtor ist 7,32 m breit und 2,44 m hoch. Wie weit ist die Entfernung vom Boden des Elfmeterpunkts, wenn
   a) der Ball geradewegs mittig auf die Latte trifft?
   b) der Ball geradewegs an den linken/rechten unteren Pfosten trifft?
   c) der Ball geradewegs ans linke/rechte Lattenkreuz trifft?

2.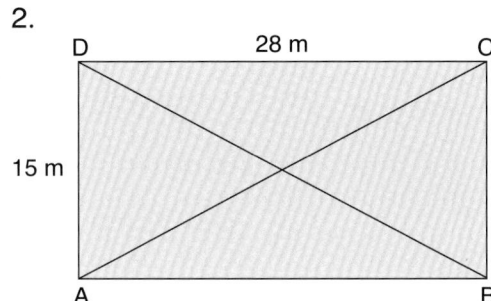

   Ein Basketballfeld hat die folgenden Maße.
   Das Aufwärmprogramm mit Startpunkt A sieht folgendermaßen aus:
   Zuerst laufen die Spieler fünf Runden an der Linie entlang um das Feld.
   Anschließend von Punkt A zu Punkt C, von Punkt C zu Punkt B, von Punkt B zu Punkt D und von Punkt D wieder zu Punkt A.
   Wie viele Meter laufen die Spieler pro Aufwärmphase?

3. Beim Weitwurf wirft Martin den Ball 65,5 m weit, allerdings trifft er 8 m neben dem Maßband auf. Wie viele Meter wurden ihm tatsächlich angerechnet? Fertige zusätzlich eine Skizze an und beschrifte das Maßband.

4. Eine Tischtennisplatte hat die folgenden Abmessungen. Wie groß ist der Flächeninhalt der Platte? (in m^2)

   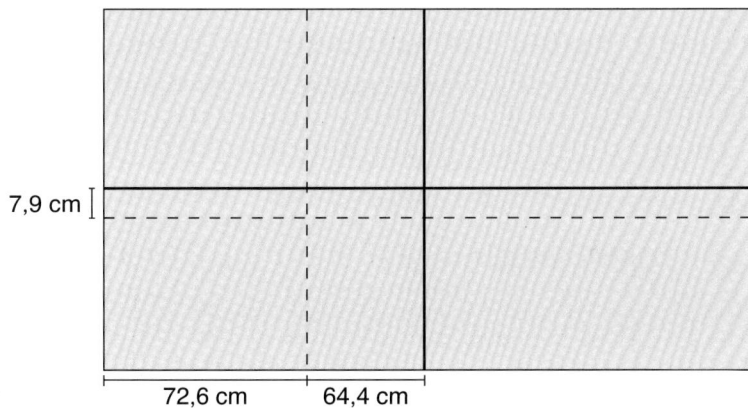

Abschließende Bündelung des Stationenlernens
Aufgaben zur Wiederholung

Material

Wiederholung der Stationen 1–6 sowie der Zusatzstationen A–C

1. Berechne die fehlenden Längen **der folgenden rechtwinkligen Dreiecke in den gegebenen Einheiten.** Runde auf zwei Nachkommastellen. (A = Flächeninhalt, U = Umfang).

	a) in cm	b) in m	c) in cm	d) in mm
h			2,6 m	
p	6,5 cm		2230 mm	
q		2,7 m		
a	9,4 cm			12,4 mm
b				
c		8,6 m		
A				208,32 mm²
U				

2.
a) Bei einem Sturm knickt ein Baum in 3,80 m Höhe ab. Die Baumspitze liegt 15,7 m vom Baumstamm entfernt. Wie hoch war der Baum?

b) Bei einem Sturm knickt ein 23,5 m hoher Baum in 6,30 m Höhe ab. Wie weit liegt die Baumspitze vom Baumstamm entfernt?

Fertige für beide Aufgaben eine Skizze an.

3.
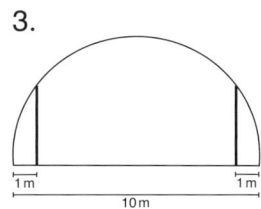

Beim Bau eines halbkreisförmigen 10 m breiten Tunnels, sollen jeweils rechts und links zwei 1 m breite, nicht befahrbare Seitenbegrenzungen berücksichtigt werden. Weiterhin soll in der Höhe ein Mindestsicherheitsabstand von 20 cm eingehalten werden. Wie hoch dürfen die Fahrzeuge maximal sein um den Tunnel zu durchfahren, wenn ein Sicherheitsabstand von 20 cm eingehalten werden muss?

4. Berechne die gesuchten Werte.

a) gesucht: a

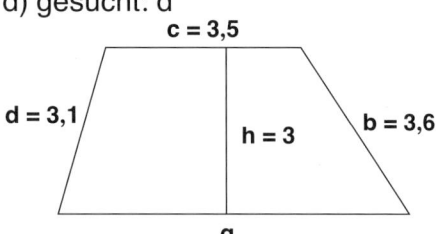

b) gesucht: g, f

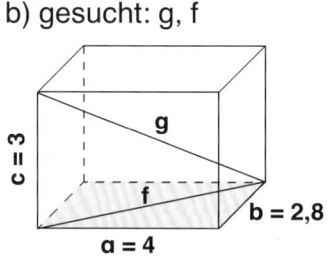

4. Zentrische Streckung

Laufzettel

zum Stationenlernen *Zentrische Streckung*

Station 1
Maßstab und Streckenverhältnisse

Station 2
Zentrische Streckung – Konstruktion

Station 3
Zentrische Streckung – Ähnlichkeit

Station 4
Erster Strahlensatz

Station 5
Zweiter Strahlensatz

Station 6
Sachaufgaben I

Zusatzstation A
Flächeninhalt Bildvieleck

Zusatzstation B
Verknüpfung von Abbildungen

Zusatzstation C
Sachaufgaben II

Hinweis:
Runde, wenn nicht anders angegeben, auf zwei Nachkommastellen!

Kommentare:

Thomas Röser: Stationenlernen Mathematik
© Persen Verlag

Station 1
Maßstab und Streckenverhältnisse

Aufgabe

Aufgabe:
Berechne Längenverhältnis und Maßstab.

1. Vervollständige die Tabelle in deinem Heft.

2. Bearbeite die Anwendungsaufgabe in deinem Heft.

3. Fotos können in verschiedenen Größen gedruckt werden. Ein Foto mit den Maßen 640 x 480 (Bildgröße in Pixel) soll vergrößert werden. Welche der folgenden Formate können gewählt werden, ohne dass an den Seiten etwas abgeschnitten werden muss? Rechne in deinem Heft und gebe den Vergrößerungsfaktor k an.

4. Bestimme das Streckenverhältnis ($\overline{AB} : \overline{XY}$) der folgenden Strecken, ohne mit dem Lineal zu messen in deinem Heft. Gib in Verhältnis- und Bruchschreibweise an.

Thomas Röser: Stationenlernen Mathematik
© Persen Verlag

Station 2
Zentrische Streckung – Konstruktion

Aufgabe

Aufgabe:
Konstruiere Bildfiguren mithilfe der zentrischen Streckung.

1. Übertrage die Figuren in dein Heft. Strecke von Z aus mit dem vorgegebenen Streckfaktor. Gebe zusätzlich die Koordinatenwerte der Figuren und Bildfiguren an.

2. Zeichne die folgenden Figuren/Bildfiguren in dein Heft. Bestimme den Punkt Z und gebe den Streckfaktor k an.

3. Prüfe, ob die Bildfigur das Ergebnis einer zentrischen Streckung sein kann. Begründe in deinem Heft.

Thomas Röser: Stationenlernen Mathematik
© Persen Verlag

Station 3
Zentrische Streckung – Ähnlichkeit

Aufgabe

Aufgabe:
Prüfe auf Ähnlichkeit.

1. Erstelle einen Kreis mit dem Durchmesser d = 4 cm. Konstruiere anschließend den Bildkreis mithilfe der zentrischen Streckung. Der Streckungsfaktor k beträgt 1,8. Welchen Durchmesser hat der Bildkreis? Das Streckzentrum Z soll …

2. Gegeben ist eine Gerade mit den Punkten X und Y im Koordinatensystem, das Streckzentrum Z sowie der Streckfaktor k einer zentrischen Streckung. Konstruiere mithilfe der Eigenschaften die Bildgerade in deinem Heft. Prüfe, ob die Bildgeraden Parallelen zur Geraden sind.

3. Zeichne die Bildfigur durch Abmessen der Kästchen mit dem gegebenen Streckfaktor k in dein Heft. Prüfe anschließend die Winkel der Figur und Bildfigur auf Gleichheit. Stimmt die Winkelsumme der Figur/Bildfigur? Überprüfe das Streckenverhältnis und die Länge der Bildstrecke. Miss dafür in der Zeichnung.

Thomas Röser: Stationenlernen Mathematik
© Persen Verlag

Station 4
Erster Strahlensatz

Aufgabe

Aufgabe:
Berechne fehlende Längen mithilfe des ersten Strahlensatzes.

1. Berechne jeweils die fehlende Länge und löse mithilfe des ersten Strahlensatzes in deinem Heft. Schreibe auf, welche Strecken gegeben, welche gesucht werden.

2. Es sind jeweils drei der vier Längen a, b, c und d gegeben. Berechne die fehlende Größe in deinem Heft. Schreibe auf, welche Strecken gegeben, welche gesucht werden.

3. a) Berechne die gesuchte Strecke für sich schneidende Geraden in deinem Heft. Hier gilt: $\overline{ZA} : \overline{ZC} = \overline{ZB} : \overline{ZD}$.
   b) Berechne die fehlenden Werte für x, y und z in deinem Heft. (Hinweis: Betrachte zwei rechtwinklige Dreiecke).

Thomas Röser: Stationenlernen Mathematik
© Persen Verlag

Station 5
Zweiter Strahlensatz

Aufgabe:
Berechne fehlende Längen mithilfe des zweiten Strahlensatzes.

1. Ergänze die „?-Stellen" mithilfe des zweiten Strahlensatzes und schreibe in dein Heft.

2. Berechne jeweils die fehlende Länge und löse mithilfe einer Gleichung in deinem Heft. Schreibe auf, welche Strecken gegeben, welche gesucht werden.

3. Es sind jeweils vier der sechs Längen a, b, c, d, x und y gegeben. Berechne die fehlenden Größen in deinem Heft. Schreibe auf, welche Strecken gegeben, welche gesucht werden.

4. Berechne die gesuchte Strecke für sich schneidende Geraden in deinem Heft.
   Hier gilt: $\overline{ZA} : \overline{ZC} = \overline{AB} : \overline{CD}$

Thomas Röser: Stationenlernen Mathematik
© Persen Verlag

Station 6
Sachaufgaben I

Aufgabe:
Bearbeite einfache Sachaufgaben.

Bearbeite die Sachaufgaben 1–4 nach folgendem Prinzip:

   Gegeben sind jeweils ein Sachverhalt und eine Frage, ggf. eine Skizze.

   Deine Aufgabe ist es,

   – die Rechnung durchzuführen,
   – ggf. eine Skizze zu zeichnen
     und einen passenden Antwortsatz zu formulieren.

Thomas Röser: Stationenlernen Mathematik
© Persen Verlag

Zusatzstation A
Flächeninhalt Bildvieleck

Aufgabe:
Berechne Flächeninhalt und Umfang von Bildvielecken.

1. Welchen Flächeninhalt hat das Rechteck? Löse rechnerisch und zeichnerisch in deinem Heft.

2. Welchen Flächeninhalt hat das Bilddreieck? Löse rechnerisch und zeichnerisch in deinem Heft.

3. Bestimme den Streckfaktor k rechnerisch in deinem Heft. Leite weiterhin aus dem Umfang des Quadrates den Umfang des Bildquadrates her.

4. Berechne auf zwei verschiedene Arten den Flächeninhalt und den Umfang des Bildrechtecks.

Thomas Röser: Stationenlernen Mathematik
© Persen Verlag

Zusatzstation B
Verknüpfung von Abbildungen

Aufgabe:
Übe das Verknüpfen von zentrischen Streckungen mit Drehungen bzw. Spiegelungen.

1. Gegeben ist das Dreieck mit den Koordinaten A (2|2), B (6|2), C (4|4) und Drehzentrum Z (3|0). Zeichne ein Koordinatensystem in dein Heft, strecke zentrisch und führe anschließend eine Drehung durch. Gib weiterhin die Koordinatenwerte von A'B'C' sowie A"B"C" an.

2. Gegeben ist das Trapez mit den Koordinaten A (1|3), B (2|1), C (4|1), D (6|3). Strecke zentrisch in deinem Heft und spiegle das Trapez A'B'C'D' an einer Geraden. Gib weiterhin die Koordinatenwerte von A'B'C'D' sowie A"B"C"D" an.

3. Gegeben ist ein Drachen mit den Koordinaten A (2,5|1), B (4|−2), C (5,5|1), D (4|3). Strecke zentrisch in deinem Heft und führe eine Punktspiegelung von A'B'C'D' in Z durch. (Hinweis: Eine Punktspiegelung ist eine Drehung um 180°).

Thomas Röser: Stationenlernen Mathematik
© Persen Verlag

Zusatzstation C
Sachaufgaben II

Aufgabe

Aufgabe:
Bearbeite schwierigere Sachaufgaben.

Bearbeite die Sachaufgaben 1–4 nach folgendem Prinzip:

Gegeben sind jeweils ein Sachverhalt und eine Frage, ggf. eine Skizze.

Deine Aufgabe ist es,

- die Rechnung durchzuführen,
- ggf. eine Skizze zu zeichnen
  und einen passenden Antwortsatz zu formulieren.

Thomas Röser: Stationenlernen Mathematik
© Persen Verlag

Station 1
Maßstab und Streckenverhältnisse

Ein Maßstab ist ein Verkleinerungs-/Vergrößerungsverhältnis von z. B. Zeichnungen. Er gibt das **Größenverhältnis** zwischen Länge in der Zeichnung und Länge in der Wirklichkeit (Original) an: Maßstab = Länge Zeichnung : Länge Original

- Maßstab 1 : 100   Zeichnung ist 100 mal kleiner als das Original
- Maßstab 3 : 1   Zeichnung ist 3 mal größer als das Original

Beispiel: Maßstab berechnen
Eine Zeichnung ist 4 cm lang, das Original ist 60 cm lang.
Rechnung: 60 cm : 4 cm = 15.
1 cm des Modells entsprechen 15 cm des Originals. Der Maßstab ist also 1:15.

Um Streckenverhältnisse zu bestimmen, werden hier die Strecken durcheinander geteilt und bis auf den Kernbruch gekürzt:
Angabe als Verhältnisschreibweise (a : b) oder als Bruch $\left(\frac{a}{b}\right)$. (Gelesen: a zu b)
Beispiel: Strecke a = 7 cm, Strecke b = 10 cm
Verhältnisschreibweise: 7 cm : 10 cm = 0,7   Bruchschreibweise: $\frac{7\,cm}{10\,cm}$ = 0,7
Die Strecke a ist also 0,7 mal so lang wie Strecke b.

1.

Maßstab	1:10	5:1		
Länge Zeichnung	30 m		13,50 m	6 cm
Länge Original		120 cm	18 cm	3 km

2.
Zur Orientierung beim Wandertag benutzt das 9. Schuljahr eine Karte im Maßstab 1 : 60 000.
a) Auf der Karte sind es bis zum Ziel 15 cm. Wie lang ist die Strecke (inkl. Rückweg)?
b) Wie viel Minuten benötigt die Klasse für die Strecke, wenn sie in einer Stunde 4,8 km wandern?

3.
a) 1024 × 768   b) 1280 × 960   c) 1800 × 1200   d) 3264 × 2448   e) 1536 × 1024

4.   a)   b)   c)

Station 2
Zentrische Streckung – Konstruktion

Bei einer **zentrischen Streckung** wird mithilfe eines **Streckfaktors k** und dem **Streckzentrum Z** eine Ursprungsfigur (z. B. Dreieck ABC) vergrößert bzw. verkleinert als Bildfigur (entsprechend Dreieck A'B'C') abgebildet. Ist k > 1, so wird die Bildfigur vergrößert, für k < 1 verkleinert. Sind Figur und Bildfigur gleich groß, gilt k = 1.

Beispiel: Gegeben: Ursprungsdreieck mit den Punkten A (2|1), B (4|–1), C (6|2) sowie Z (1|–1).

Gesucht: Bilddreieck bei zentrischer Streckung mit k = 1,5.

Allgemein gilt: $\overline{ZA'} = k \cdot \overline{ZA}$, $\overline{ZB'} = k \cdot \overline{ZB}$, $\overline{ZC'} = k \cdot \overline{ZC}$

Konstruktionsbeschreibung:
- Zeichne eine verlängerte Gerade durch $\overline{ZA}$. Markiere Punkt A', dieser ist 1,5-mal so lang von Z entfernt, wie die Strecke $\overline{ZA}$.
- Analoges Vorgehen für B' und C'.
- Verbinde A' und B', B' und C', C' und A'

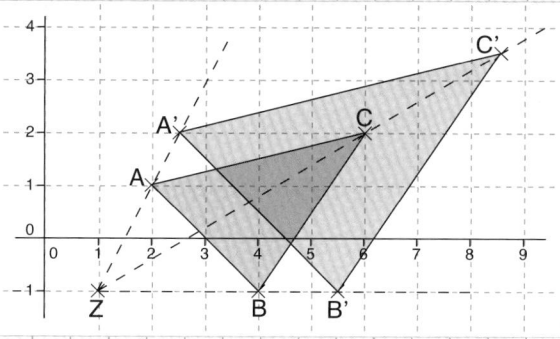

1.

a) k = 2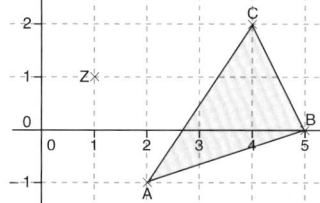

b) k = 1,5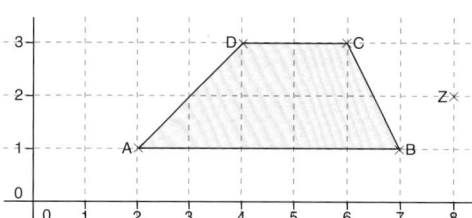

c) k = 0,5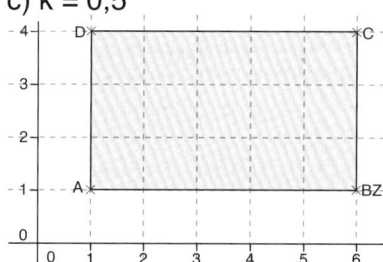

2.

a) Figur: A (3|–2), B (6|–3), C (6|0)
   Bildfigur: A' (–3|1), B' (4,5|–1,5), C' (4,5|6)

b) Figur: A (1|1), B (11|1), C (11|6), D (1|6)
   Bildfigur: A' (1|1), B' (9|1), C' (9|5), D' (1|5)

c) Figur: A (2|–3), B (6|–2), C (5|1), D (2|2), E (–1|1)
   Bildfigur: A' (2|–2), B' (4|–1,5), C' (3,5|0), D' (2|0,5), E' (0,5|–1)

3. a)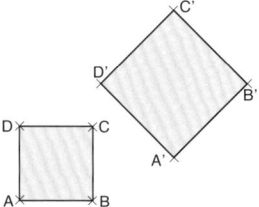

b)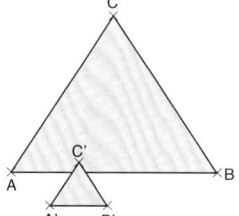

c)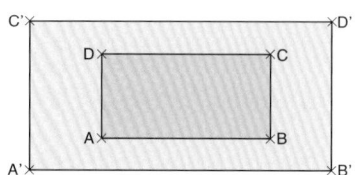

Station 3
Zentrische Streckung – Ähnlichkeit

Material

Figuren sind ähnlich, wenn sie die gleiche Form haben, d.h. gleiche Winkel sowie einen gemeinsamen Streckfaktor (zum Vergrößern oder Verkleinern). Die Länge der Strecken der jeweiligen Figuren kann jedoch unterschiedlich sein.

Bei ähnlichen Figuren gelten folgende Eigenschaften:
- Die Bildstrecke einer beliebigen Strecke ist k-mal so groß, z.B. $\overline{A'B'} = k \cdot \overline{AB}$.
- Die Streckenverhältnisse entsprechender Seiten der Figur sind gleich,

  z.B. $\dfrac{\overline{A'B'}}{\overline{AB}} = \dfrac{\overline{B'C'}}{\overline{BC}}$.

- Winkel und Bildwinkel haben die gleiche Größe, z.B. $\alpha = \alpha'$.

1.
a) im Mittelpunkt des Kreises liegen.
b) an einer beliebigen Stelle auf dem Kreisring liegen.
c) an einer beliebigen Stelle innerhalb des Kreises liegen (nicht der Mittelpunkt).
d) an einer beliebigen Stelle außerhalb des Kreises liegen.

2.
a) X (1|2), Y (7|0), Z (4|1), k = 0,4
b) X (−1|−1), Y (6|2), Z (2|1), k = 1,6
c) X (−3|1), Y (4|−2), Z (−2|−3), k = $\dfrac{1}{4}$

3.   a) k = 2,2   b) k = 0,3

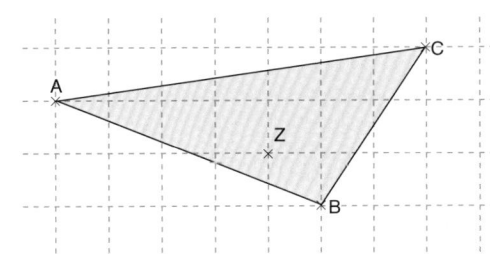
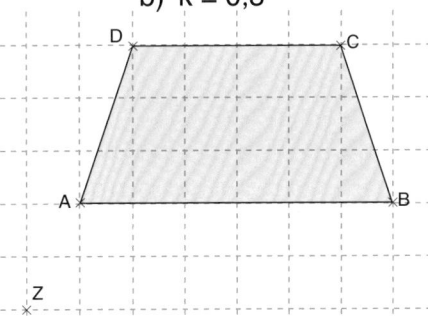

Station 4
Erster Strahlensatz

Werden zwei Strahlen mit einem gemeinsamen Anfangspunkt Z von zwei parallelen Geraden geschnitten, so verhalten sich die Abschnitte auf dem einen Strahl genau wie die gleichen Abschnitte auf dem anderen Strahl.

Strahlensatzfigur:

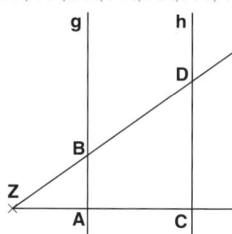

Gleichung: $\dfrac{\overline{ZA}}{\overline{ZC}} = \dfrac{\overline{ZB}}{\overline{ZD}}$ bzw. $\dfrac{\overline{ZC}}{\overline{ZA}} = \dfrac{\overline{ZD}}{\overline{ZB}}$

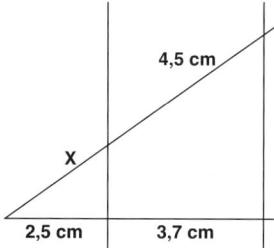

Beispiel:
Frage: Wie lang ist die Seite x?
Rechnung:
$\dfrac{\overline{ZC}}{\overline{ZA}} = \dfrac{\overline{ZD}}{\overline{ZB}}$ einsetzen: $\dfrac{6{,}2}{2{,}5} = \dfrac{x+4{,}5}{x} \Rightarrow x \approx 3\text{ cm}$

Antwort: Die Länge der Seite x beträgt ungefähr 3 cm.

1. a) 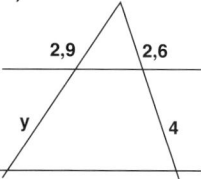   b) 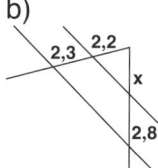   c)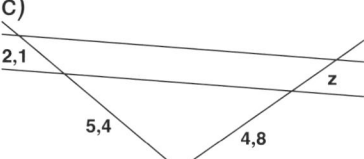

2.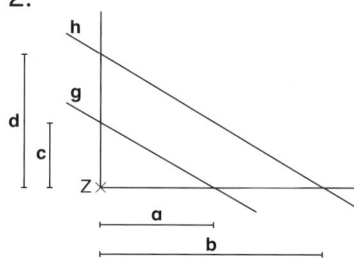

   a) $a = 4{,}2;\ b = 7{,}9;\ c = 2$
   b) $a = 5{,}6;\ b = 9{,}3;\ d = 6{,}8$
   c) $b = 15{,}25;\ c = 4{,}1;\ d = 8{,}75$
   d) $a = 3\tfrac{1}{5};\ c = 2\tfrac{3}{5};\ d = 5\tfrac{7}{10}$

3. a) 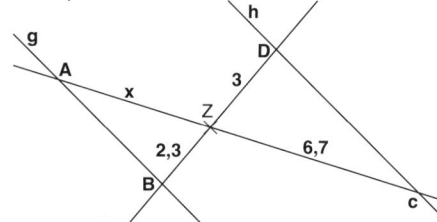   b)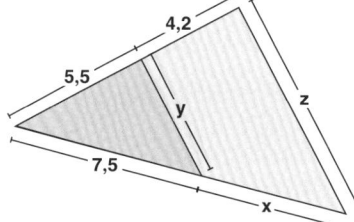

Station 5
Zweiter Strahlensatz

Werden zwei Strahlen mit einem gemeinsamen Anfangspunkt Z von zwei parallelen Geraden geschnitten, dann verhalten sich die parallelen Abschnitte zueinander wie die zugehörigen Strahlenabschnitte.

Strahlensatzfigur:

1. $\dfrac{\overline{AB}}{\overline{CD}} = \dfrac{\overline{ZA}}{\overline{ZC}}$

2. $\dfrac{\overline{AB}}{\overline{CD}} = \dfrac{\overline{ZB}}{\overline{ZD}}$

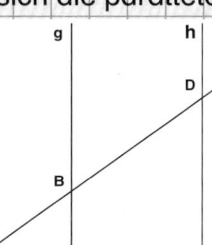

Beispiel:

Frage: Wie lang ist die Seite x?

Rechnung:

$\dfrac{\overline{ZA}}{\overline{ZC}} = \dfrac{\overline{AB}}{\overline{ZD}}$ einsetzen: $\dfrac{5}{x} = \dfrac{3{,}4}{9} \Rightarrow x \approx 13{,}24$

Antwort: Die Länge der Seite x beträgt ca. 13,24.

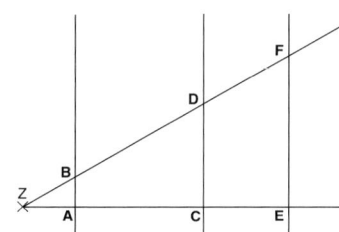

1.

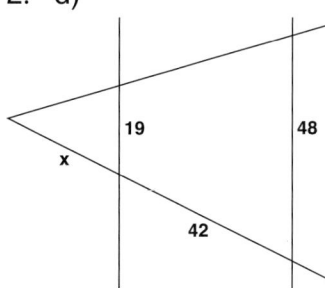

a) $\dfrac{\overline{ZA}}{\overline{ZE}} = \dfrac{?}{?}$ b) $\dfrac{\overline{ZF}}{\overline{ZD}} = \dfrac{?}{?}$ c) $\dfrac{\overline{ZC}}{?} = \dfrac{?}{\overline{EF}}$ d) $\dfrac{?}{\overline{ZB}} = \dfrac{\overline{EF}}{?} = \dfrac{?}{?}$

2. a) 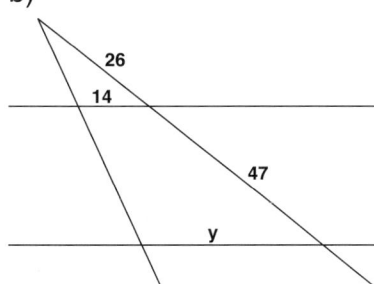 b) c)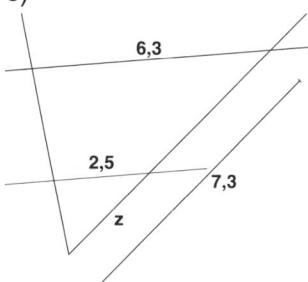

3. a) a = 7; c = 6,6; d = 10; x = 5,2
   b) x = 5,9; y = 9,4; d = 8,2; b = 7

4.

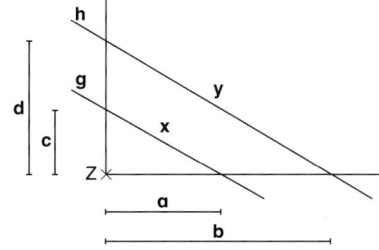
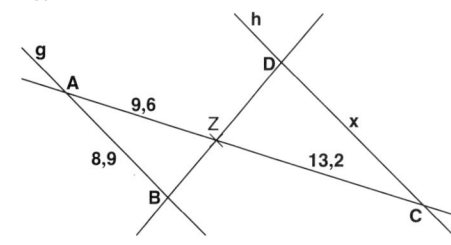

Station 6
Sachaufgaben I

Strahlensätze können in Form von Anwendungsaufgaben aus dem täglichen Leben angewendet werden.

1. Wie hoch ist der Baum?

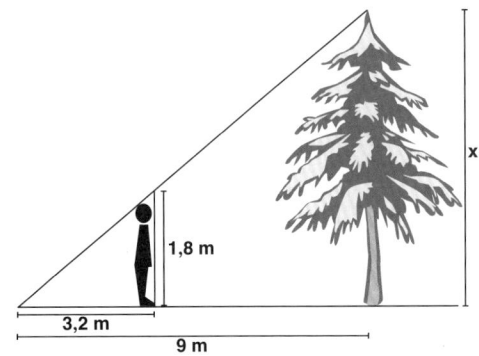

2. Eine Mauer ist 18,3 m hoch und wirft einen Schatten. Zur gleichen Zeit ist der Schatten eines 1,90 m großen Menschen 2,50 m lang.
    a) Wie lang ist der Schatten der Mauer?
    b) Ein 12 m langer Schatten eines Baumes wird zur gleichen Zeit gemessen. Wie hoch ist der Baum?
    c) Angenommen der Schatten des Menschen ist 10 cm länger. Wie hoch wäre dann der Baum? Überlege zunächst, ob der Schatten länger oder kürzer ist und berechne anschließend.

3. In einem See befindet sich eine Insel. Wie weit ist die Insel (Punkt A) vom Ufer (Punkt B) entfernt, wenn b = 31 m, d = 38 m und c = 63 m gemessen wurde?

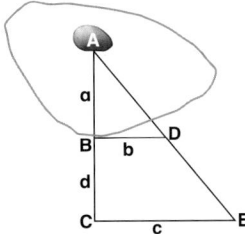

4. Die Höhe einer Pyramide wurde von den Ägyptern durch Messen der Schattenlänge eines Stabes bestimmt.
    a) Zeichne eine Strahlensatzfigur und gib die Bedeutung von a, b, c, e und h an.
    b) Wie hoch ist die Pyramide?

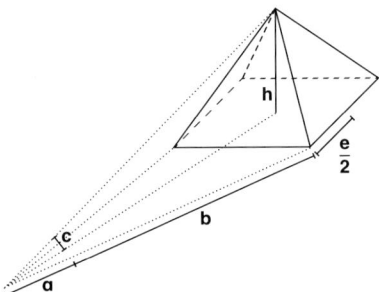

a = 4 m   b = 115 m   c = 2,50 m   e = 220 m

Zusatzstation A
Flächeninhalt Bildvieleck

Material

Gegeben ist eine zentrische Streckung mit dem Streckungsfaktor k.
- Der Flächeninhalt des Bildvielecks ist k^2-mal so groß wie der des Vielecks.
- Der Umfang ist k-mal so groß wie der des Vielecks.

Beispiel: Ein Rechteck wird am Streckzentrum Z um k = 0,5 (k^2 = 0,25) zentrisch gestreckt.

Flächeninhalt/Umfang durch Abzählen der Kästchen:

- Flächeninhalt Rechteck: $3 \cdot 2 = 6$
- Umfang Rechteck: $2 \cdot (3 + 2) = 10$

- Flächeninhalt Bildrechteck: $1,5 \cdot 1 = 1,5$
- Umfang Bildrechteck: $2 \cdot (1,5 + 1) = 5$

Vergleiche mit der Formel:
6 $\cdot k^2 = 6 \cdot 0,25 =$ **1,5**
10 $\cdot k = 10 \cdot 0,5 =$ **5**

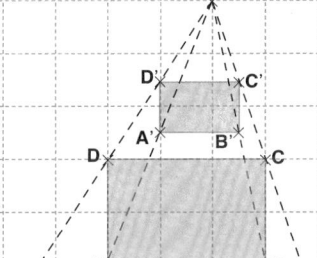

1.
Das Bildrechteck A'B'C'D' mit A' = 24,5 cm² und a' = 7 cm wird durch eine zentrische Streckung mit $k = \frac{7}{8}$ aus dem Rechteck ABCD mit Z = C abgebildet.

2.
Beim dem Dreieck ABC ist die Grundseite c 8 cm lang, die Höhe h beträgt 5 cm. Für den Streckfaktor k im Punkt A gilt:

a) k = 0,5   b) $k = 1\frac{3}{4}$ c) k = 1,25

3.
Gegeben ist ein Quadrat ABCD mit A = 36 cm². Bei einer zentrischen Streckung wird dieses auf ein Quadrat A'B'C'D' mit folgenden Flächeninhalten abgebildet.

a) A' = 16 cm²   b) A' = 64 cm²   c) A' = 104,04 cm²   d) A' = 12,96 cm²

4.
Gegeben ist ein Rechteck mit a = 3 cm, b = 2 cm. Es wird zentrisch so gestreckt, dass a' = 6,75 gilt.

Zusatzstation B
Verknüpfung von Abbildungen

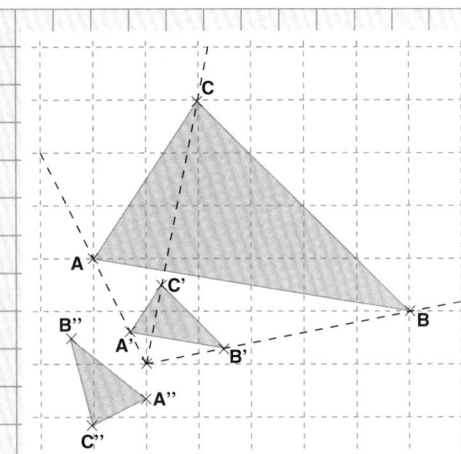

Beispiel 1:
Das Dreieck ABC wird zentrisch gestreckt mit k = 0,3 am Punkt Z und man erhält das Dreieck A'B'C'. Anschließend wird vom Dreieck A'B'C an Z eine Drehung mit Drehwinkel φ = 150° gegen den Uhrzeigersinn vorgenommen. Man erhält das Dreieck A''B''C''.

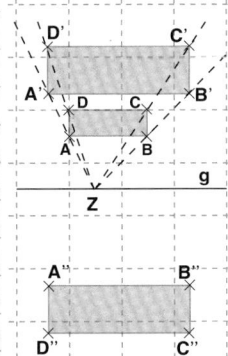

Beispiel 2:
Das Rechteck ABCD wird zentrisch gestreckt mit k = 1,8 am Punkt Z und man erhält das Rechteck A'B'C'D'. Anschließend wird das Rechteck A'B'C'D' an der Geraden g gespiegelt. Man erhält das Rechteck A''B''C''D''.
Bemerkung: Bei der Spiegelung an der Geraden g ist der Abstand von A' zur Geraden genauso lang wie der Abstand A'' zur Geraden. Analog für die anderen Punkte.

1.
a) k = 0,5   φ = 180° gegen den Uhrzeigersinn
b) k = 0,5   φ = 270° gegen den Uhrzeigersinn
c) k = 2   φ = 70 ° im Uhrzeigersinn

2. k = 1,5   Z liegt im Ursprung   Spiegelachse: x-Achse

3. k = 1,3   Z (7|1)

Zusatzstation C
Sachaufgaben II

1.

Die Höhe des folgenden Gebäudes soll bestimmt werden. Die dafür verwendeten Stäbe stellt man so auf, dass beide senkrecht stehen und man über ihre oberen Enden die Spitze des Gebäudes anvisiert. Die Länge der Stäbe betragen 1,50 m und 1,80 m. Weiterhin sind beide Stäbe 2,5 m auseinander entfernt und die Strecke vom höheren Stab bis zum Gebäude beträgt 125 m. Wie hoch ist das Gebäude? Fertige zunächst eine Skizze an und ergänze in einer weiteren Skizze die Strahlensatzfigur.

2.

Waldarbeiter benutzen zur Bestimmung der Höhe von Bäumen oft ein „Försterdreieck".

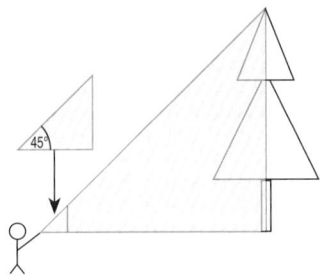

a) Erkläre, wie dieses Försterdreieck funktioniert.
b) Die Entfernung zum Baum beträgt 15 m und die Augenhöhe 1,60 m. Wie hoch ist der Baum?

3.

Ein Carport soll gestützt werden. Folgende Werte wurden gemessen:
a = 5 m, b = 0,5 m, c = 2 m, d = 2,6 m.
Wie lang muss die Stütze x sein? Fertige eine Skizze an und ergänze zur Strahlensatzfigur.

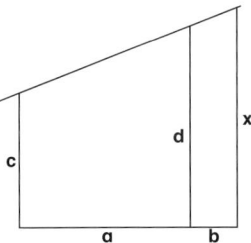

4.

Zwischen zwei Balken soll ein Ablagebrett befestigt werden und folgende Werte gemessen:
a = 3,1 m, b = 3 m, c = 1,1 m, d = 1,9 m. Wie lang ist das Ablagebrett? Ergänze zur Strahlensatzfigur.

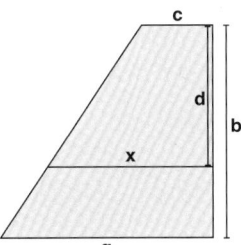

Abschließende Bündelung des Stationenlernens
Aufgaben zur Wiederholung

Material

Wiederholung der Stationen 1–6 sowie der Zusatzstationen A–C

1. Berechne die fehlenden Einheiten folgender Tiere.

   a) Fliege

   90 mm

   b) Elefant
   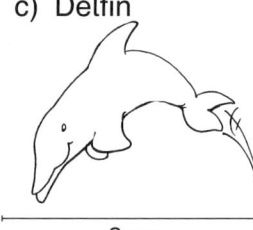
   5 cm
   Maßstab 1:160

   c) Delfin
   3 cm
   reale Länge 5,40 m

   d) Schmetterling

   60 mm
   reale Länge 15 mm

2.
   a) Zeichne das Dreieck A (2|1), B (6|–1), C (7|1) in ein Koordinatensystem. Strecke zentrisch um Z (2|0) mit k = 2. Prüfe Streckenverhältnisse, Bildstrecke und Winkel beider Figuren und gib die Koordinaten vom Bilddreieck an.
   b) Zeichne ein Viereck und ein Bildviereck mit folgenden Koordinaten: A (– 1|– 3), B = B' = Z (4|0) , C (9|– 3), D (4|4), A' (0,25|– 2,25), C' (7,75|– 2,25), D' (4|3). Bestimme den Streckfaktor und prüfe Streckenverhältnisse, Bildstrecke und Winkel beider Figuren.
   c) Zeichne einen Kreis mit r = 1,5 cm. Der Mittelpunkt ist gleichzeitig das Streckzentrum und liegt in (0|0). Konstruiere den Bildkreis bei der zentrischen Streckung mit k = 2,5. Bestimme Durchmesser und Schnittpunkte mit der x-Achse des Bildkreises.

3. geg.: a = 6,4; g = 10,2; h = 7   ges.: b

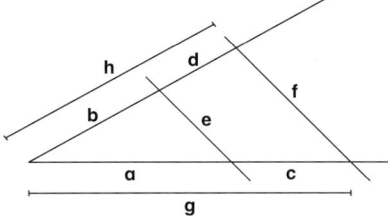

4. Ein Regal, bestehend aus einem 1,20 m und 1,50 m langen Seitenteil, soll durch zwei diagonale Balken gestützt werden. In welcher Höhe treffen sich die Balken?

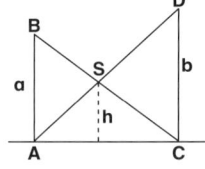

5. Herr Keller hält eine Münze mit 2 cm Durchmesser vor sein Auge, um die Größe eines runden Getreidesilos zu ermitteln. Hält er die Münze 25 cm vom Auge weg, so überdecken sich Münze und Silo. Die Entfernung zwischen Herrn Keller und dem Silo beträgt 26 m. Welchen Durchmesser hat das Silo? Fertige zunächst eine Skizze an.

6. Gegeben ist das Dreieck A(2|0), B(5|0), C(4|1), Z liegt im Ursprung und k = 1,5.
   a) Strecke das Dreieck zentrisch und vergleiche durch Abmessen und mithilfe der Formel Flächeninhalt und Umfang beider Dreiecke. Gib die Koordinaten des Bilddreiecks an.
   b) Drehe das Dreieck A'B'C'D' an Z um φ = 40° gegen den Uhrzeigersinn. Gib auch hier die Koordinaten an.

5. Quadratische Gleichungen

Laufzettel

zum Stationenlernen *Quadratische Gleichungen*

Station 1
Reinquadratische und gemischtquadratische Gleichungen

Station 2
Grafische Lösungen quadratischer Gleichungen

Station 3
Anzahl der Lösungen quadratischer Gleichungen

Station 4
Lösen reinquadratischer Gleichungen

Station 5
Lösen gemischtquadratischer Gleichungen

Station 6
p-q-Formel

Zusatzstation A
Quadratische Ergänzung

Zusatzstation B
Sachaufgaben

Zusatzstation C
Satz des Vieta

Kommentare:

Station 1
Reinquadratische und gemischtquadratische Gleichungen

Aufgabe

Aufgabe:
Löse rein-, und gemischtquadratische Gleichungen mithilfe von Tabellen in der Grundmenge G = $\mathbb{Z}$.

1. Welche dieser Gleichungen sind rein-, welche gemischtquadratisch? Welche Gleichungen sind nicht quadratisch? Schreibe in dein Heft.

2. Bestimme mithilfe einer Tabelle die Lösungen x_1, x_2 der folgenden quadratischen Gleichungen in deinem Heft. Überprüfe dein Ergebnis bei a) und b) zusätzlich mit einer Probe. Wähle das Intervall für die Tabellen von – 3 bis 9.

3. Stelle in deinem Heft eine Gleichung auf und löse mithilfe einer Tabelle. Mach bei a) zusätzlich eine Probe. Wähle das Intervall von – 5 bis 5.

Bemerkung: Zur Sicherheit kannst du auch von den restlichen Aufgaben eine Probe anfertigen.

Thomas Röser: Stationenlernen Mathematik
© Persen Verlag

Station 2
Grafische Lösungen quadratischer Gleichungen

Aufgabe

Aufgabe:
Löse quadratische Gleichungen grafisch.

1. Bestimme mithilfe einer Zeichnung x_1, x_2, P_1, P_2 in deinem Heft.

2. Bestimme mithilfe einer Zeichnung x_1, x_2, P_1, P_2 in deinem Heft. Forme die Gleichung zunächst um.

3. Welche quadratische Gleichung ist hier dargestellt? Schreibe sie auf und bestimme x_1, x_2, P_1, P_2 in deinem Heft. Ist sie rein- oder gemischtquadratisch?

Thomas Röser: Stationenlernen Mathematik
© Persen Verlag

Station 3
Anzahl der Lösungen quadratischer Gleichungen

Aufgabe

Aufgabe:
Bestimme die Anzahl von Lösungen bei quadratischen Gleichungen.

1. Bestimme **L** der folgenden quadratischen Gleichungen in deinem Heft. Fertige dafür zunächst eine Zeichnung an.

2. Bestimme aus den Zeichnungen eine quadratische Funktion und gib **L** an.

3. Beantworte die Fragen in deinem Heft und gib **L** an.

Thomas Röser: Stationenlernen Mathematik
© Persen Verlag

Station 4
Lösen reinquadratischer Gleichungen

Aufgabe

Aufgabe:
Löse reinquadratische Gleichungen rechnerisch.

1. Gib die Lösungsmenge der folgenden Gleichungen in deinem Heft an.

2. Wandle die folgenden Gleichungen zunächst mithilfe der dritten binomischen Formel um und gib **L** in deinem Heft an.
   Hinweis: $(a + b) \cdot (a - b) = a^2 - b^2$

3. Stelle die folgenden Regeln d > 0, d = 0 und d < 0 zeichnerisch in deinem Heft dar und beschrifte die Geraden. Es gibt mehrere korrekte Lösungen.

Thomas Röser: Stationenlernen Mathematik
© Persen Verlag

Station 5
Lösen gemischtquadratischer Gleichungen

Aufgabe:
Löse gemischtquadratische Gleichungen mithilfe der 1. und 2. binomischen Formel.

1. Bestimme in deinem Heft die beiden Lösungen x_1, x_2 und gib **L** an.

2. Bestimme in deinem Heft die beiden Lösungen x_1, x_2 und gib **L** an. Forme zunächst in eine binomische Formel um.

3. Wie lautet die Lösungsmenge? Rechne und schreibe in dein Heft.

Thomas Röser: Stationenlernen Mathematik
© Persen Verlag

Station 6
p-q-Formel

Aufgabe:
Löse quadratische Gleichungen mithilfe der p-q-Formel.

1. Bestimme die Diskriminante der folgenden Gleichungen in deinem Heft. Wie viele Lösungen haben die Gleichungen? Begründe.

2. Berechne in deinem Heft die Gleichungen mit der p-q-Formel und gib **L** an.

3. Berechne in deinem Heft die Gleichungen mit der p-q-Formel und gib **L** an.
   Hinweis: Beachte, dass die Normalform $x^2 + px + q = 0$ vorliegen muss.

Thomas Röser: Stationenlernen Mathematik
© Persen Verlag

Zusatzstation A
Quadratische Ergänzung

Aufgabe

Aufgabe:
Löse quadratische Gleichungen mithilfe der quadratischen Ergänzung.

1. Löse die folgenden quadratischen Gleichungen mithilfe der quadratischen Ergänzung in deinem Heft und gib **L** an. Löse in der Form $x^2 + px + q = 0$.

2. Löse die folgenden quadratischen Gleichungen mithilfe der quadratischen Ergänzung in deinem Heft und gib **L** an. Löse in der Form $x^2 + px = -q$.

3. Wie groß muss der Parameter c gewählt werden, sodass
   a) die Gleichung zwei Lösungen hat,
   b) die Gleichung keine Lösung hat?
   Rechne in deinem Heft.

Thomas Röser: Stationenlernen Mathematik
© Persen Verlag

Zusatzstation B
Sachaufgaben

Aufgabe

Aufgabe:
Bearbeite Sachaufgaben.

Bearbeite die Sachaufgaben 1–5 nach folgendem Prinzip:

Gegeben sind jeweils ein Sachverhalt und eine Frage.

Deine Aufgabe ist es,

die Rechnung durchzuführen (Schreibe auf, was gegeben ist und stelle eine Gleichung auf) und einen passenden Antwortsatz zu formulieren.

Thomas Röser: Stationenlernen Mathematik
© Persen Verlag

Zusatzstation C
Satz des Vieta

Aufgabe:

Rechne mit dem Satz des Vieta.

1. Bestimme zunächst die Lösungen der Gleichung und wende anschließend den Satz des Vieta an.

2. Gib mit dem Satz des Vieta die quadratische Gleichung in Normalform hat, die folgende Lösungsmenge besitzt. Schreibe in dein Heft.

3. Zeige, dass $x_1 + x_2 = -p$ und $x_1 \cdot x_2 = q$ für $x_1 = -\dfrac{p}{2} + \sqrt{\left(\dfrac{p}{2}\right)^2 - q}$ und $x_2 = -\dfrac{p}{2} - \sqrt{\left(\dfrac{p}{2}\right)^2 - q}$ gilt. Schreibe den „Beweis" in dein Heft.

Thomas Röser: Stationenlernen Mathematik
© Persen Verlag

Station 1
Reinquadratische und gemischtquadratische Gleichungen

Liegt eine Gleichung in der Form $ax^2 + bx + c = 0$ mit $a \neq 0$ vor, so handelt es sich um eine quadratische Gleichung. ax^2 ist das quadratische Glied, bx das lineare Glied und c das Absolutglied.

Beispiel: Die Gleichung $2x^2 + 16x + 32 = 0$. Es handelt sich hierbei um eine gemischtquadratische Gleichung. Ist allerdings das lineare Glied nicht vorhanden, so spricht man von reinquadratischen Gleichungen, z. B.: $x^2 = 16$ oder $2x^2 - 3 = 0$.

Beispiel: Die Gleichung $x^2 - 6x + 8 = 0$ können wir mit bisherigen Verfahren nicht lösen. Wir können aber in der Form $x^2 = 6x - 8$, eingesetzt in eine Tabelle, prüfen, für welche x-Werte x^2 und $6x - 8$ übereinstimmen.

x	0	1	2	3	4	5	6	7	8	9
x^2	0	1	4	9	16	25	36	49	64	81
$6x - 8$	-8	-2	4	10	16	22	28	34	40	46

Die Zahlen $x_1 = 2$ und $x_2 = 4$ lösen die Gleichung $x^2 - 6x + 8 = 0$. Zur Probe werden 2 und 4 in die Gleichung für x eingesetzt und auf Gleichheit geprüft.

1.
a) $x^2 = 7x$
b) $x^2 = 16$
c) $10x - 8 = 2x$
d) $3x + 8 - x^2 = 2$
e) $10 = 2x$
f) $5x^2 = 25$

2.
a) $x^2 = 10x - 9$
b) $x^2 = 9x - 14$
c) $x^2 = -4x - 3$
d) $x^2 = -x + 2$
e) $x^2 - 2x - 13 = 2$
f) $x^2 - 2x - 3 = 0$

3.
a) Das Quadrat einer Zahl ist genauso groß wie die Summe aus dem Doppelten der Zahl und 8.
b) Das Quadrat einer Zahl ist genauso groß wie das (−7)-fache dieser Zahl vermindert um 10.
c) Das Quadrat einer Zahl ist genauso groß wie das (−1)-fache dieser Zahl vermehrt um 12.

Station 2
Grafische Lösungen quadratischer Gleichungen

Es ist nicht immer einfach, die Lösungen durch „Probieren" zu bestimmen, z. B. wenn es sich um große Zahlen handelt oder Zahlen die nicht aus $\mathbb{Z}$ sind ($-5{,}7$; $3{,}45$; $\sqrt{7}$; usw.). Daher bietet sich auch das zeichnerische Lösungsverfahren in einigen Fällen an.

Beispiel: Gesucht ist die Lösung der quadratischen Gleichung $x^2 = 0{,}3x + 1{,}8$. Die Gleichung besteht aus den Funktionen $y = x^2$ (Funktionsgleichung der Normalparabel) und $y = 0{,}3x + 1{,}8$.
Wertetabelle im Intervall $[-3, 3]$:

x	-3	-2	-1	0	1	2	3
x^2	9	4	1	0	1	4	9
$0{,}3x + 1{,}8$	0,9	1,2	1,5	1,8	2,1	2,4	2,7

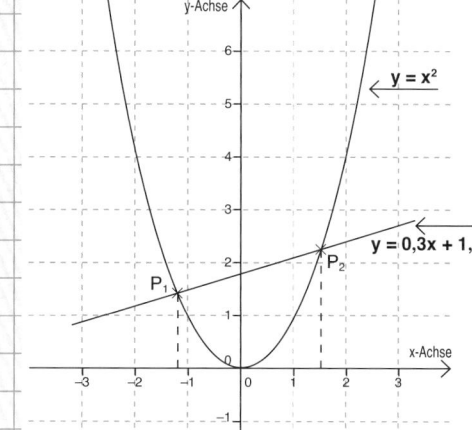

Die beiden Schnittpunkte P_1 und P_2 von Parabel und Geraden liegen an den Stellen $x_1 = -1{,}2$ und $x_2 = 1{,}5$.

Probe: Für die Koordinatenwerte von P_1 und P_2 werden die x-Werte in die Gleichung eingesetzt.

$(-1{,}2)^2 = 0{,}3 \cdot (-1{,}2) + 1{,}8$
$1{,}44 = 1{,}44 \qquad P_1(-1{,}2 | 1{,}44)$

$(1{,}5)^2 = 0{,}3 \cdot (1{,}5) + 1{,}8$
$2{,}25 = 2{,}25 \qquad P_2(1{,}5 | 2{,}25)$

1.

a) $x^2 = -2{,}5x - 1$ b) $x^2 = 5 + 0{,}5x$ c) $x + 2 = x^2$

2.

a) $1 + 2x = x^2 + 0{,}5x$ b) $x^2 + 4{,}3 = 2{,}3x + 4{,}8$ c) $x^2 + 3{,}4x + 2{,}8 = 4 + 2x$

3.

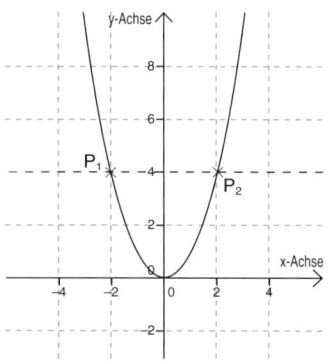

Station 3
Anzahl der Lösungen quadratischer Gleichungen

Eine quadratische Gleichung hat keine, eine oder zwei Lösung(en). Die Ergebnisse werden in der Lösungsmenge **L** zusammengefasst.

Beispiele:

a) **zwei Lösungen**
$x^2 = -x + 0{,}75$
$x_1 = 1{,}5 \quad x_2 = 0{,}5$
$L = \{-1{,}5 | 0{,}5\}$

b) **eine Lösung**
$x^2 = -x - 0{,}25$
$x = -0{,}5$
$L = \{-0{,}5\}$

c) **keine Lösung**
$x^2 = -x - 1{,}5$
$L = \{\}$

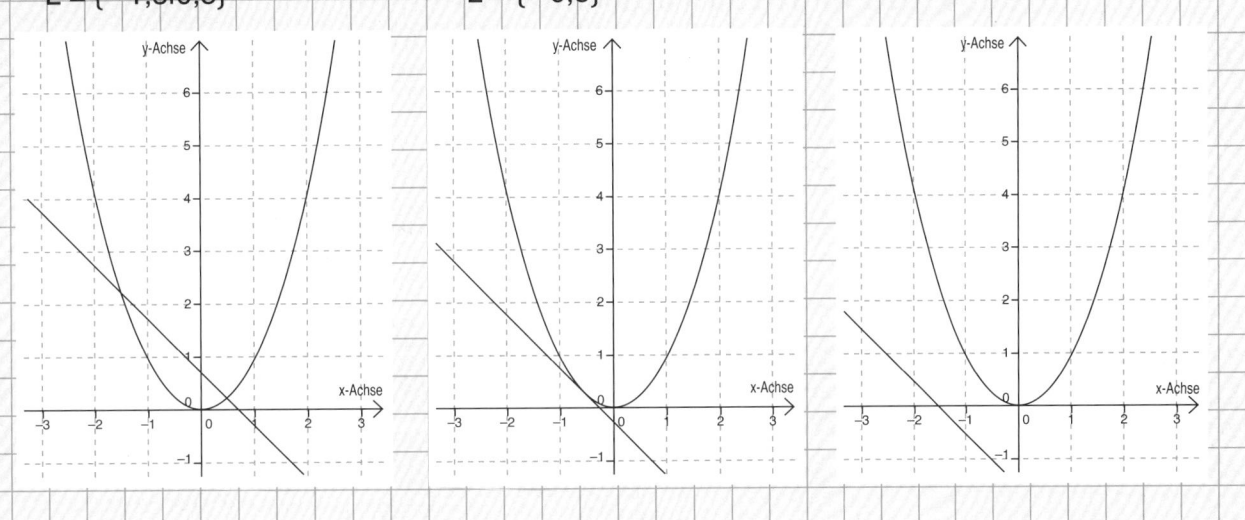

1.
a) $x^2 = 2x - 3{,}5$
b) $x^2 + 2x + 2{,}25 = 0$
c) $x^2 + x - 3{,}75 = 0$
d) $-x = -0{,}25 - x^2$

2.
a)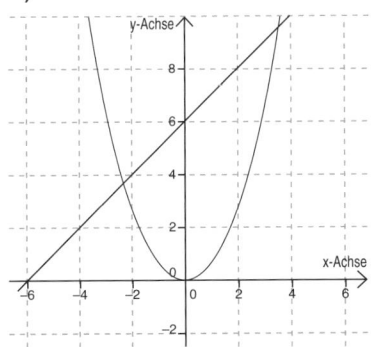
b)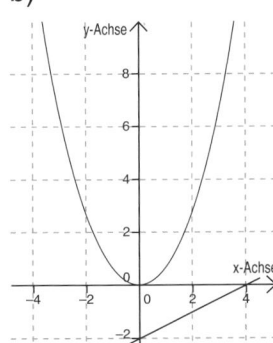

3.
a) Wie viele Lösungen hat die reinquadratische Gleichung $x^2 = 16$?
b) Wie viele Lösungen hat die reinquadratische Gleichung $x^2 = -16$?
c) Wie viele Lösungen hat die gemischtquadratische Gleichung $x^2 + 4 = 4x$?

Station 4
Lösen reinquadratischer Gleichungen

Material

Viele Lösungen können anhand einer Zeichnung nicht exakt abgelesen werden, z. B. 2,34; $\sqrt{11}$; usw. Für diese Lösungen wird das **rechnerische Lösungsverfahren** empfohlen.
Eine **reinquadratische Gleichung** liegt in der Form **$ax^2 + c = 0$** vor. Man kann sie auf die Form $x^2 = d$ bzw. $x = \pm\sqrt{d}$ äquivalent umformen. Hier gilt:
- $d > 0$ (Gleichung besitzt die beiden Lösungen $\sqrt{d}$ und $-\sqrt{d}$)
- $d = 0$ (Gleichung besitzt die Lösung 0)
- $d < 0$ (Gleichung besitzt keine Lösung, da aus einer negativen Zahl keine Wurzel gezogen werden darf)

Beispiele:

a)
$3x^2 - 26 = 1 \mid +26$
$3x^2 = 27 \quad \mid :3$
$x^2 = 9 \quad \mid \sqrt{}$
$x = \pm 3$
$x_1 = -3; x_2 = 3$
$L = \{-3 \mid 3\}$

b)
$4x^2 + 13 = 13 \mid -13$
$4x^2 = 0 \quad \mid :4$
$x^2 = 0 \quad \mid \sqrt{}$
$x = 0$
$L\{0\}$

c)
$6x^2 + 5 = 2 \mid -5$
$6x^2 = -3 \quad \mid :6$
$x^2 = -0,5 \quad \mid \sqrt{}$ (nicht möglich)
$L = \{\}$

1.

a) $x^2 = 36$
b) $9x^2 - 27 = 0$
c) $x^2 - 7 = -56$
d) $-12 + 2x^2 = -12$
e) $28 = 4 \cdot (x^2 - 9)$
f) $-6 \cdot (x^2 + \frac{5}{2}) = -3$
g) $10x^2 = 11x^2$
h) $\frac{2}{5}x^2 - 7 = 0$

2.

a) $4x^2 - 16 = 0$
b) $9x^2 = 49$
c) $x^2 = 25$
d) $4x^2 - 6,25 = 0$

3.

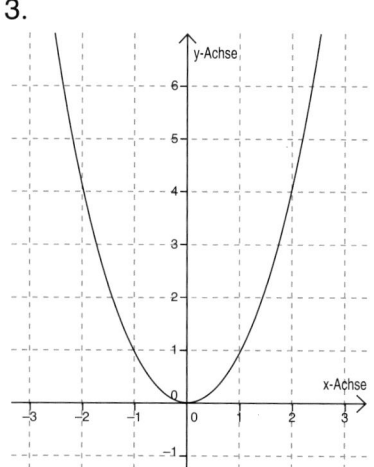

Station 5
Lösen gemischtquadratischer Gleichungen

Material

Viele Lösungen können anhand einer Zeichnung nicht exakt abgelesen werden, z. B. 2,34; $\sqrt{11}$; usw. Eine **gemischtquadratische Gleichung** ($ax^2 + bx + c = 0$) kann mithilfe der **1. und 2. binomischen Formel** [$(a + b)^2 = a^2 + 2ab + b^2$; $(a - b)^2 = a^2 - 2ab + b^2$] in die Form $(x - y)^2 = d$ gebracht, und so aufgelöst werden.

Beispiele:

$x^2 + 6x + 9 = 16$	| 1. binomische Formel	$4x^2 - 8x + 4 = 25$	| 2. binomische Formel
$(x + 3)^2 = 16$	| $\sqrt{}$	$(2x - 2)^2 = 25$	| $\sqrt{}$
$x + 3 = \pm 4$	| -3	$2x - 2 = \pm 5$	| $+ 2$
$x_1 = 4 - 3 = 1$		$2x_1 = 7$	| $: 2$
$x_2 = -4 - 3 = -7$		$2x_2 = -3$	| $: 2$
$L = \{-7 \mid 1\}$		$x_1 = 3,5$	
		$x_2 = -1,5$	
		$L = \{-1,5 \mid 3,5\}$	

1.

a) $(x + 4)^2 = 36$

b) $(x - \frac{1}{2})^2 = 49$

c) $3 = (x - 1)^2$

d) $65 = (\frac{5}{2} + x)^2 + 1$

2.

a) $x^2 + 2x + 1 = 81$

b) $x^2 - 10x + 25 = 100$

c) $x^2 + x + \frac{1}{4} = 121$

d) $x^2 - 18x + 81 = 56,25$

e) $4x^2 - 4x + 1 = 31,36$

f) $9x^2 + 24x + 16 = 40$ (Runde auf drei Nachkommastellen.)

3.

a) Eine Zahl, vergrößert um 7, wird quadriert und als Ergebnis erhält man 169.

b) Wenn man eine Zahl um 0,75 verkleinert und anschließend quadriert, so erhält man als Ergebnis 23,04.

c) Eine Zahl wird quadriert und anschließend wird das Zehnfache der Zahl und 25 dazu addiert. Das Ergebnis ist 84,64.

Station 6
p-q-Formel

Eine weitere Methode um quadratische Gleichungen zu lösen, ist das Anwenden der **p-q-Formel**. Dafür muss die Gleichung $ax^2 + bx + c = 0$ in der **Normalform der quadratischen Gleichung**, $x^2 + px + q = 0$, vorliegen.

Die p-q-Formel lautet: $x_{1,2} = -\frac{p}{2} \pm \sqrt{D}$, mit $D = -\left(\frac{p}{2}\right)^2 - q$

D steht für **Diskriminante** und beschreibt den Ausdruck unter der Wurzel.

Beispiele:

$x^2 + 5x + 6 = 0$ (hat die Form $x^2 + px + q = 0$)
$p = 5; q = 6$

$x_{1,2} = -\frac{5}{2} \pm \sqrt{\left(\frac{5}{2}\right)^2 - 6}$

$x_{1,2} = -\frac{5}{2} \pm \sqrt{\frac{1}{4}}$

$x_1 = -2; x_2 = -3; L = \{-2 | -3\}$

$3x^2 + 6x - 9 = 0 \; | :3$
$x^2 + 2x - 3 = 0$ (Form $x^2 + px + q$)
$p = 2; q = -3$

$x_{1,2} = -\frac{2}{2} \pm \sqrt{\left(\frac{2}{2}\right)^2 - (-3)}$

$x_{1,2} = -1 \pm \sqrt{4}$

$x_1 = 1; x_2 = -3; L = \{-1 | -3\}$

Bemerkung: Ist $D = 0$ gilt: $L = \left\{-\frac{p}{2}\right\}$; ist D negativ gilt: $L = \{\;\}$.

1.
a) $x^2 + 3x - 10 = 0$
b) $x^2 + 3{,}5x + 4{,}5 = 0$
c) $x^2 + 2{,}25 = -3x$
d) $x^2 + \frac{1}{4}x = \frac{3}{8}$

2.
a) $x^2 + 6x = -8$
b) $x^2 + 10 = 14x + 61$
c) $x^2 + \frac{3}{2}x + \frac{9}{16} = 0$
d) $2{,}25x + 3 = -x^2 - 2$
e) $x^2 + 9x - 2 = 0$
f) $x^2 + 7x + 12{,}25 = 0$

3.
a) $3x^2 + 3x - 18 = 0$
b) $8x^2 + 3x + 6 = 0$
c) $5x^2 + 55x = -151{,}25$
d) $1{,}5x^2 = -4x - 2$
e) $2x^2 + 10x = -40{,}5 - 8x$
f) $7x^2 + 8 = -x^2 + x - 4$

Zusatzstation A
Quadratische Ergänzung

Material

Ein weiteres Verfahren zum Lösen von quadratischen Gleichungen ist die **quadratische Ergänzung**. Dabei wird eine Seite der Gleichung $x^2 + px + q = 0$ mit der ersten oder zweiten binomischen Formel in ein Quadrat verwandelt – der Term dieser Seite wird also sinnvoll ergänzt.

Beispiele:

$x^2 + 4x - 12 = 0$ | Quadrat des halben linearen Glieds erst addieren (zur Bildung des Binoms) und wieder subtrahieren

$x^2 + 4x + \left(\frac{4}{2}\right)^2 - 12 - \left(\frac{4}{2}\right)^2 = 0$ | auflösen

$x^2 + 4x + 4 - 12 - 4 = 0$ | die ersten drei Ausdrücke dienen zur Bildung des Binoms, -16 wird auf die rechte Seite gebracht

$(x + 2)^2 = 16$ | $\sqrt{}$

$x_1 = 2;\ x_2 = -6;\ L = \{-6 | 2\}$

<u>Bemerkung</u>: Die Gleichung kann auch in der Form $x^2 + px = -q$ vorliegen.

1.

a) $x^2 - 3x - 4 = 0$ b) $x^2 - 10x - 24 = 0$ c) $x^2 + 8x - 9 = 0$ d) $x^2 + 6{,}5x + 1{,}5 = 0$

2.

a) $2x^2 + 6x = 20$ b) $0{,}5x^2 - 3x = 6{,}5$ c) $0{,}25x^2 + 16 = -5x$ d) $5x^2 + 0{,}5x = 1$

3.

a) $2x^2 - 14x + c = 0$ b) $4x^2 + 36x + c = 0$

Zusatzstation B
Sachaufgaben

Material

1. Addiert man das 36-fache einer Zahl zu dem Dreifachen ihrer Quadratzahl so erhält man als Ergebnis – 33. Berechne.

2. Ein rechteckiges Badezimmer hat eine Grundfläche von 26 m². Der Raum ist um 250 cm länger als breit. Berechne die Maße in Metern. Fertige dazu eine kleine Skizze an.

3. Wird im Quadrat die eine Seite um 8 cm verlängert und die andere um 8 cm verkürzt, so erhält man ein Rechteck mit Flächeninhalt 777 cm².
   a) Berechne die Seitenlängen des Quadrats und des Rechtecks.
   b) Ist der Umfang von Quadrat und Rechteck gleich groß? Überlege zuerst und rechne anschließend nach.

4. Marvin ist 3 Jahre älter als seine Schwester Lea und 27 Jahre jünger als sein Vater Frank. Multipliziert man das Alter von Lea mit dem Alter von Frank so ergibt das 504. Wie alt ist Marvin?

5. Bauer Ewald verkauft Kartoffeln und verdient dafür 240 €. Hätte er pro Kilogramm 2 € mehr verlangt, so hätte der Käufer 10 kg weniger Kartoffeln erhalten. Wie viel Kilogramm Kartoffeln hat Bauer Ewald verkauft und wie viel kostet ein kg?

Zusatzstation C
Satz des Vieta

Für eine quadratische Gleichung in Normalform $x^2 + px + q = 0$ gilt der **Satz des Vieta**: $x_1 + x_2 = -p$ und $x_1 \cdot x_2 = q$. In diesem Fall sind x_1 und x_2 Lösungen der Gleichung, andernfalls nicht.

Beispiele:

Für $x^2 + 6x - 16 = 0$ gilt:
p = 6; q = – 16

Für $x^2 + 4x - 2{,}25 = 0$ gilt:
p = 4; q = – 2,25

Die Gleichung hat die Lösungen:
$x_1 = 2$ und $x_2 = -8$.

Die Gleichung hat die Lösungen:
$x_1 = -4{,}5$ und $x_2 = 0{,}5$.

2 + (– 8) = – 6 ($x_1 + x_2 = -p$)
2 · (– 8) = – 16 ($x_1 \cdot x_2 = q$)

– 4,5 + 0,5 = – 4 ($x_1 + x_2 = -p$)
– 4,5 · (0,5) = – 2,25 ($x_1 \cdot x_2 = q$)

1.
a) $x^2 + 10 = 7x$
b) $x^2 + 16x - 36 = 0$
c) $x^2 - 10x - 24 = 0$
d) $4x^2 + 2x - 12 = 0$
e) $-9{,}2x - 16{,}8 = -4x^2$
f) $10x^2 = -2x + 8$

2.
a) L = {3|5}
b) L = {– 4|8}
c) L = {– 5|8}
d) L = {0|11,5}

Abschließende Bündelung des Stationenlernens
Aufgaben zur Wiederholung

Material

Wiederholung der Stationen 1–6 sowie der Zusatzstationen A–C

1.
Bestimme von den folgenden gemischtquadratischen Gleichungen x_1, x_2, P_1, P_2 und gib L an. Erstelle dazu eine Wertetabelle im Intervall [– 3, 3] und überprüfe das Ergebnis zusätzlich durch eine Probe und eine Zeichnung.

a) $x^2 + 4x + 3 = 0$ \qquad b) $2x^2 - 2 = -x + x^2$

2.
Wie groß muss der Parameter c sein, dass die Gleichung $7{,}5x^2 - 37{,}5x + 7{,}5 \cdot c = 0$
a) genau eine Lösung hat? Wie lautet diese?
b) keine Lösung hat?
c) zwei Lösungen hat?

3.
Löse die reinquadratischen Gleichungen a) und b), die gemischtquadratischen Gleichungen c) und d) durch Umwandlung mit der ersten/zweiten binomischen Formel sowie die gemischtquadratischen Gleichungen e), f) und g) mithilfe der p-q-Formel.

a) $x^2 - \dfrac{7}{5} = \dfrac{14}{25}$ \qquad b) $7x^2 = -567$

c) $x^2 - 8x + 16 = 100$ \qquad d) $2x^2 - (-36x - 144) = 2 \cdot (6x + 0{,}5x^2 + 4{,}5)$

e) $6 \cdot (x - 3)^2 = (4x - 1)^2 - (3x + 2)^2$ \qquad f) $(x + 2) \cdot (x + 1) - (x - 3) \cdot (4 - x) - 44 = 0$

g) $3{,}3x^2 + 74{,}52x = -603{,}612 + x^2$

4.
Die drei Freunde Karl, Hans und Horst gewinnen im Lotto. Vom Gewinn bekommt Karl 59 € weniger als Hans und Horst 27 € mehr als Hans. Das Produkt aus dem Gewinn von Karl und Horst ergibt 26375. Wie viel hat jeder verdient?

5.
In einem Quadrat wird eine Seite um 5 cm, die andere um 9 cm verlängert. Das neu entstandene Rechteck ist um 15 cm² kleiner als der dreifache Flächeninhalt vom ursprünglichen Quadrat.
a) Wie lang sind die Seiten im Quadrat?
b) Wie lang sind die Seiten im Rechteck?
c) Wie groß ist der Flächeninhalt vom Quadrat, wie groß vom Rechteck?

6.
Löse die beiden Gleichungen mithilfe der quadratischen Ergänzung. Überprüfe das Ergebnis von x_1, x_2 mit dem Satz des Vieta.

a) $x^2 - 15x + 54 = 0$ \qquad b) $10x^2 + 5x = -5x + 300$

6. Quadratische Funktionen

Laufzettel

zum Stationenlernen *Quadratische Funktionen*

Station 1
Strecken/Stauchen/Spiegeln der Normalparabel

Station 2
Quadratische Funktionen der Form $y = x^2 + g$

Station 3
Quadratische Funktionen der Form $y = (x - h)^2$

Station 4
Quadratische Funktionen der Form $y = (x - h)^2 + i$

Station 5
Quadratische Funktionen der Form $y = ax^2 + bx + c$

Station 6
Sachaufgaben I

Zusatzstation A
Nullstellen quadratischer Funktionen

Zusatzstation B
Sachaufgaben II

Zusatzstation C
Schnittpunkte quadratischer und linearer Funktionen

Hinweis:
y wird auch als f(x) definiert.

Kommentare:

Station 1

Strecken/Stauchen/Spiegeln der Normalparabel

Aufgabe

Aufgabe:
Zeichne und interpretiere gestreckte/gestauchte und gespiegelte Normalparabeln.

1. Schreib in dein Heft, um welche Form der Normalparabel es sich handelt.

2. Zeichne die folgenden quadratischen Funktionen in ein Koordinatensystem in deinem Heft und wähle einen geeigneten Maßstab. Berechne die Werte mithilfe einer Wertetabelle im Intervall [−3,3].

3. Schreibe in dein Heft, welche quadratischen Funktionen dargestellt sind.

Thomas Röser: Stationenlernen Mathematik
© Persen Verlag

Station 2

Quadratische Funktionen der Form $y = x^2 + g$

Aufgabe

Aufgabe:
Zeichne und interpretiere quadratische Funktionen der Form $y = x^2 + g$.

1. Bestimme den Scheitelpunkt der folgenden Funktionsgleichungen und schreibe in dein Heft.

2. Zeichne die folgenden Parabeln mithilfe einer Parabelschablone in dein Heft.

3. Schreibe die Funktionsgleichung in dein Heft.

4. Gegeben sind Funktionen der Form $y = ax^2 + g$. Erstelle eine Wertetabelle und zeichne die Graphen in dein Heft.

Thomas Röser: Stationenlernen Mathematik
© Persen Verlag

Station 3
Quadratische Funktionen der Form y = (x – h)²

Aufgabe

Aufgabe:
Zeichne und interpretiere quadratische Funktionen der Form y = (x – h)².

1. Gib in deinem Heft an, um wie viel Einheiten die Normalparabel nach rechts/links verschoben ist und gib den Scheitelpunkt an. Nutze für e) und f) zunächst die binomischen Formeln.

2. Zeichne die folgenden Parabeln mithilfe einer Parabelschablone in dein Heft. Wähle einen geeigneten Maßstab für das Koordinatensystem.

3. Bestimme anhand des Scheitelpunkts die Funktionsgleichung in deinem Heft.

4. Gib die Funktionsgleichung der verschobenen Normalparabeln in deinem Heft an.

Thomas Röser: Stationenlernen Mathematik
© Persen Verlag

Station 4
Quadratische Funktionen der Form y = (x – h)² + i

Aufgabe

Aufgabe:
Zeichne und interpretiere quadratische Funktionen der Form y = (x – h)² + i.

1. Bestimme in deinem Heft den Scheitelpunkt der folgenden Funktionen.

2. Zeichne die folgenden Parabeln mithilfe einer Parabelschablone in dein Heft. Wähle einen geeigneten Maßstab für das Koordinatensystem.

3. In welchem Quadranten liegt der angegebene Scheitelpunkt? Schreibe in dein Heft.

4. Zeichne die Parabeln anhand der folgenden Informationen in dein Heft und gib zudem die Funktionsgleichung und S an.

Thomas Röser: Stationenlernen Mathematik
© Persen Verlag

Station 5

Quadratische Funktionen der Form y = ax² + bx + c

Aufgabe:
Zeichne und interpretiere quadratische Funktionen der Form y = ax² + bx + c.

1. Bearbeite in deinem Heft.

2. Zeichne die folgenden Parabeln (inkl. S) mithilfe einer Wertetabelle [− 5,5] in dein Heft. Welche sind nach oben/unten geöffnet? Für zwei Parabeln kann man die Schnittpunkte mit der x-Achse leicht ablesen. Für welche/wie lauten diese?

3. Zeichne Graphen mithilfe einer Wertetabelle für a) [− 1,3], für b) [− 10,3] in dein Heft. Forme zunächst um in die Form y = ax² + bx + c. Was fällt dir auf?

4. Welche der folgenden Punkte liegen auf Parabel a), welche auf Parabel b), welche auf keiner der beiden Parabeln? Löse rechnerisch in deinem Heft.

Thomas Röser: Stationenlernen Mathematik
© Persen Verlag

Station 6

Sachaufgaben I

Aufgabe:
Bearbeite die Sachaufgaben.

Bearbeite die Sachaufgaben 1–4 nach dem folgenden Prinzip:

Gegeben sind jeweils ein Sachverhalt und eine Frage.

Deine Aufgabe ist es,
– die Rechnung durchzuführen,
– ggf. eine Zeichnung anzufertigen und
– die Lösung anzugeben.
Formuliere einen passenden Antwortsatz.

Thomas Röser: Stationenlernen Mathematik
© Persen Verlag

Zusatzstation A
Nullstellen quadratischer Funktionen

Aufgabe:
Übe das Berechnen der Nullstellen quadratischer Funktionen.

1. Bestimme rechnerisch die Nullstellen der gegebenen Funktionen in deinem Heft. Welche haben keine, welche eine und welche zwei Nullstellen?

2. Zeichne die folgenden Parabeln in dein Heft und markiere die Nullstellen. Bestimme ihren ungefähren Wert durch Ablesen.

3. Eine quadratische Funktion hat die Gleichung $y = x^2 + 4x + q$.
   Gib für q eine Zahl ein, sodass …

Thomas Röser: Stationenlernen Mathematik
© Persen Verlag

Zusatzstation B
Sachaufgaben II

Aufgabe:
Übe das Bearbeiten von Anwendungs- und Sachaufgaben.

Bearbeite die Anwendungs- und Sachaufgaben 1.–5. nach dem folgenden Prinzip in deinem Heft:

– Gegeben ist jeweils ein Sachverhalt und eine Frage/Aussage.
– Führe die Rechnung durch und fertige ggfs. eine Zeichnung an. Bei einer Sachaufgabe mit Frage formuliere zusätzlich einen passenden Antwortsatz.

Thomas Röser: Stationenlernen Mathematik
© Persen Verlag

Zusatzstation C
Schnittpunkte quadratischer und linearer Funktionen

Aufgabe

Aufgabe:
Übe das Berechnen von Schnittpunkten zwischen Funktionen.

1. Bestimme rechnerisch die Koordinaten der Schnittpunkte der folgenden quadratischen und linearen Funktionen in deinem Heft. Welche haben zwei, welche einen, welche keinen Schnittpunkt?

2. Bestimme rechnerisch die Koordinaten der Schnittpunkte der folgenden quadratischen Funktionen in deinem Heft. Welche haben zwei, welche einen, welche keinen Schnittpunkt?

3. Bearbeite die folgende Sachaufgabe in deinem Heft.

Thomas Röser: Stationenlernen Mathematik
© Persen Verlag

Station 1
Strecken/Stauchen/Spiegeln der Normalparabel

Die Normalparabel besitzt die Parameter a = 1, b = 0, c = 0 und hat daher die Funktionsgleichung $y = x^2$. Ihr Graph ist symmetrisch zur y-Achse und nach oben geöffnet. Sie verläuft durch den Ursprung (0|0), welches den Scheitelpunkt S (tiefster Punkt) darstellt.

1) Parabel $y = 4x^2$ 2) Parabel $y = 0,25x^2$ 3) Parabel $y = -x^2$ 4) Parabel $y = x^2$

Für den Parameter a > 0 gilt:
- Der Graph wird schmaler als die Normalparabel, wenn a > 1 (gestreckte Normalparabel).
- Der Graph wird breiter als die Normalparabel, wenn a < 1 (gestauchte Normalparabel).
- a = 1 (Normalparabel)

Für den Parameter a < 0 gilt:
- Der Graph wird schmaler als die Normalparabel, wenn a < –1 (gestreckt gespiegelte Normalparabel).
- Der Graph wird breiter als die Normalparabel, wenn a > –1 (gestaucht gespiegelte Normalparabel).
- a = –1 (gespiegelte Normalparabel)

Wertetabelle:

y	–2	–1	0	1	2
$4x^2$	16	4	0	4	16
x^2	4	1	0	1	4
$0,25x^2$	1	0,25	0	0,25	1
$-x^2$	–4	–1	0	–1	–4

1.
a) $y = 0,5 x^2$ b) $y = 2x^2$ c) $y = 5x^2$
d) $y = -2x^2$ e) $y = \frac{1}{8}x^2$ f) $y = -0,1x^2$
g) $y = -1x^2$ h) $y = 0,56x^2$

2.
a) $y = 1,5x^2$ b) $y = -\frac{1}{9}x^2$ c) $0,3x^2$
d) $-1,1 x^2$

3.

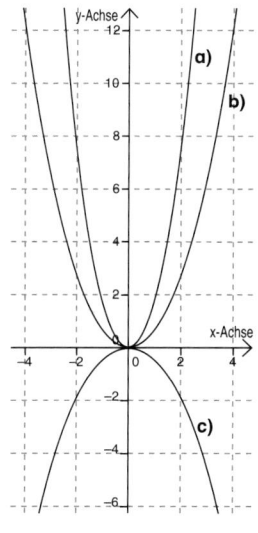

Station 2
Quadratische Funktionen der Form y = x² + g

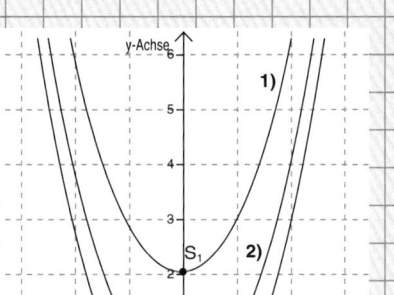

Bei einer quadratischen Funktion der Form $y = x^2 + g$ wird die **Normalparabel** entlang der y-Achse verschoben. Der Scheitelpunkt S hat die Koordinaten (0|g). Ist g > 0, so schiebt man ausgehend von dem Punkt (0|0) g Einheiten nach oben, ist g < 0, g Einheiten nach unten.

Beispiele:

Die obere Parabel hat die Funktionsgleichung $y = x^2 + 2$, sie wird entlang der y-Achse um zwei Einheiten nach oben verschoben. Der Scheitelpunkt S_1 hat die Koordinaten (0|2).

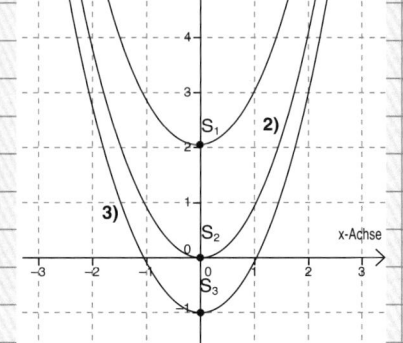

Die untere Parabel hat die Funktionsgleichung $y = x^2 - 1$, sie wird entlang der y-Achse um eine Einheit nach unten verschoben. S_3 (0|−1)

Die mittlere Parabel ist die Normalparabel $y = x^2$ mit S_2 (0|0).

1.
a) $y = x^2 - 3$
b) $y = x^2 + 0{,}5$
c) $y = x^2 + 2{,}25$
d) $y = x^2 - 3{,}2$

2.
a) $y = x^2 + 1$
b) $y = x^2 - 2{,}5$
c) $y = x^2 + \frac{1}{4}$
d) $-y = -x^2 + 0{,}3$

3.

Die Normalparabel ist …

a) um 0,5 Einheiten nach unten verschoben.
b) um 7 Einheiten nach oben verschoben.
c) um 3,44 Einheiten nach oben verschoben.
d) um 7,77 Einheiten nach unten verschoben.

4.
a) $y = 2x^2 + 1$
b) $y = 0{,}25x^2 - 1{,}5$

Station 3

Quadratische Funktionen der Form y = (x – h)²

Bei einer quadratischen Funktion der Form $y = (x - h)^2$ wird die **Normalparabel** entlang der x-Achse verschoben. Der Scheitelpunkt S hat die Koordinaten (h | 0). Ist h > 0, so schiebt man (ausgehend von dem Punkt (0|0)) h Einheiten nach rechts, andernfalls h Einheiten nach links.

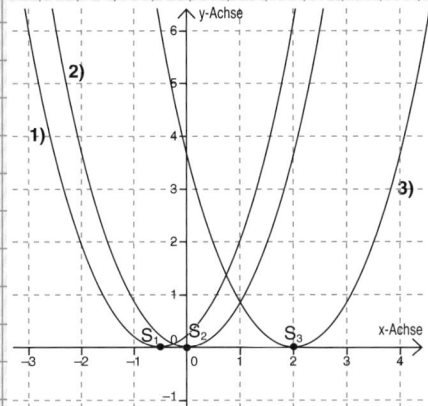

Parabel 1) hat die Funktionsgleichung $y = (x+0,5)^2$, sie wird in Richtung der x-Achse um eine halbe Einheit nach links verschoben. S_1 hat die Koordinaten (– 0,5 |0).

Parabel 3) hat die Funktionsgleichung $y = (x - 2)^2$, sie wird in Richtung der x-Achse um zwei Einheiten nach rechts verschoben. S_3 hat die Koordinaten (2|0).

Parabel 2) ist die Normalparabel $y = x^2$ mit S_2 (0|0).

<u>Hinweis:</u> Das Auflösen der Klammern liefert für die 1) $y = x^2 + x + 0,25$ und für 2) $y = x^2 - 4x + 4$. Daher gehört die Form $y = (x - h)^2$ zu den Funktionen der Form $y = x^2 + px + q$.

1.

a) $y = (x + 3)^2$ b) $y = (x - 2,5)^2$ c) $y = (x - 0,7)^2$

d) $y = (x - 10)^2$ e) $y = x^2 + 7x + \frac{49}{4}$ f) $y = x^2 + 10x + 25$

2.

a) $y = (x - 0,25)^2$ b) $y = (x + 1,5)^2$ c) $y = (x - 1)^2$ d) $y = x^2 + 4x + 4$

3.

a) S (2,8|0)   b) S (– 3,7|0)   c) S (0,2|0)   d) S (– $\sqrt{4,84}$|0)

4.

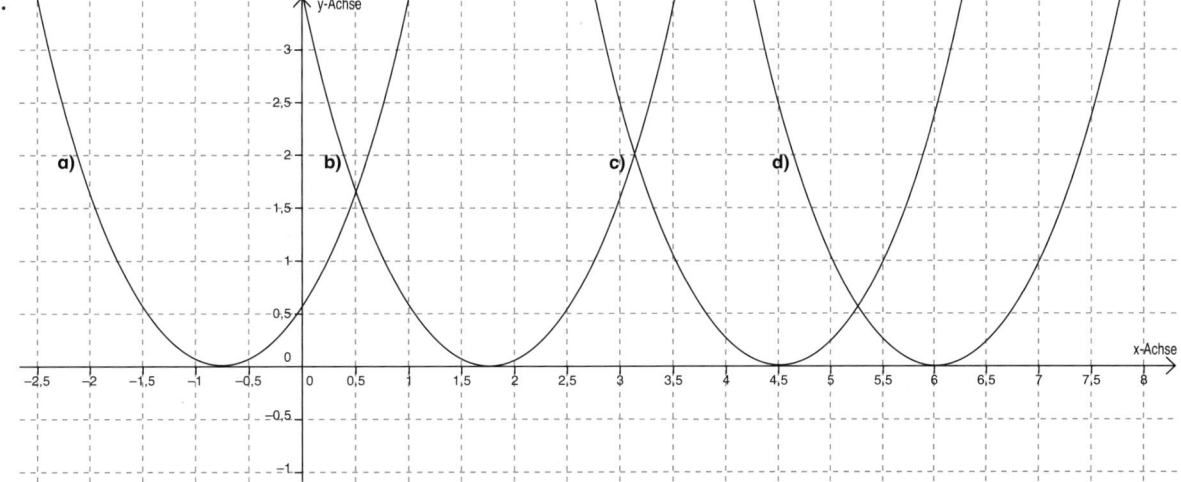

Station 4
Quadratische Funktionen der Form y = (x – h)² + i

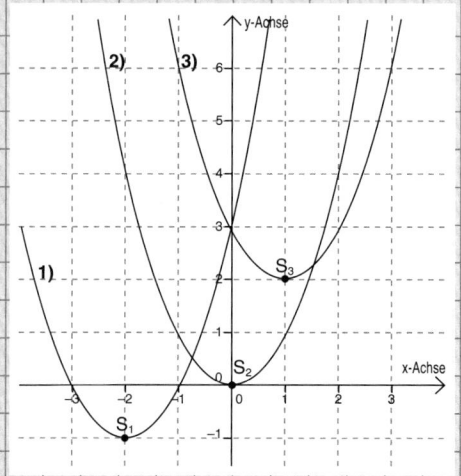

Bei einer quadratischen Funktion der Form $y = (x - h)^2 + i$ wird die Normalparabel entlang der x-Achse um h Einheiten, entlang der y-Achse um i Einheiten verschoben. Die Koordinaten des Scheitelpunkts S sind (h|i). Da man diese direkt aus der Funktionsgleichung ablesen kann, spricht man von der **Scheitelpunktform**.

Die untere Parabel 1) hat die Funktionsgleichung $y = (x+2)^2 - 1$, sie wird entlang der x-Achse um zwei Einheiten nach links, entlang der y-Achse um eine Einheit nach unten verschoben. S_1 hat die Koordinaten (–2|–1).

Die obere Parabel 3) hat die Funktionsgleichung $y = (x - 1)^2 + 2$, sie wird in Richtung der x-Achse um eine Einheit nach rechts, in Richtung der y-Achse um zwei Einheiten nach oben verschoben. S_3 hat die Koordinaten (1|2).

<u>Hinweis:</u> Auflösen der Klammern liefert für 1) $y = x^2 + 4x + 3$ und für 3) $y = x^2 - 2x + 3$. Daher gehört die Scheitelpunktform $y = (x - h)^2 + i$ zu den Funktionen der Form $y = x^2 + px + q$.

1.
a) $y = (x - 2)^2 + 1$
b) $y = (x + 3)^2 - 5$
c) $y = (x - 0{,}5)^2 + 1$
d) $y = (x + 0{,}25)^2$

2.
a) $y = (x - 2)^2 - 3$
b) $y = (x - 0{,}5)^2 + 1$
c) $y = (x + 1{,}5)^2 - 2$
d) $y = (x + 3)^2 + 2{,}5$

3.
a) S (4|0,5)
b) S (–0,3|–1,2)
c) S (0,8|–1)
d) S (–4|1,5)

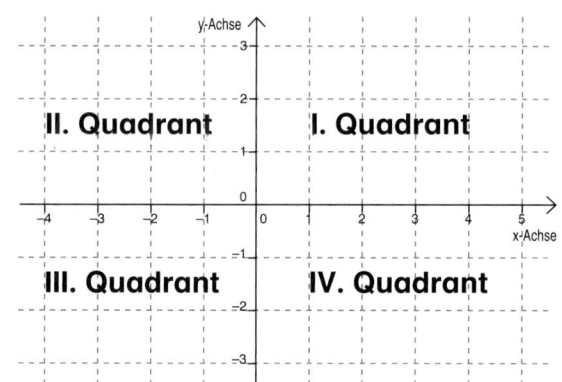

4.
a) Die Parabel geht durch die Punkte P_1 (–3|0) und P_2 (1|0).
b) Die Parabel geht durch die Punkte P_2 (3|6) und P_2 (7|6).
c) Die Parabel hat den Scheitelpunkt (–2,25|0).

Station 5
Quadratische Funktionen der Form y = ax² + bx + c

Material

Bei einer quadratischen Funktion der Form $y = ax^2 + bx + c$ mit $a \neq 1$ handelt es sich um eine **gestreckte oder gestauchte Normalparabel**, die entlang der x-Achse und der y-Achse verschoben wird. Ist a negativ, so wird die Parabel gespiegelt und sie ist nach unten offen. Da diese Parabeln nicht mithilfe der Schablone gezeichnet werden können, muss hier eine Wertetabelle angelegt werden.

Die nach unten geöffnete Parabel 1) hat die Funktionsgleichung
$y = -0{,}5x^2 - 2x + 1$. $S_1(-2|3)$.

Da a negativ und < 1 ist, handelt es sich um eine gestaucht gespiegelte Normalparabel (sie ist nach unten offen).

Die nach oben geöffnete Parabel 2) hat die Funktionsgleichung
$y = 2x^2 + 2x - 4$. $S_2(-0{,}5|-4{,}5)$.

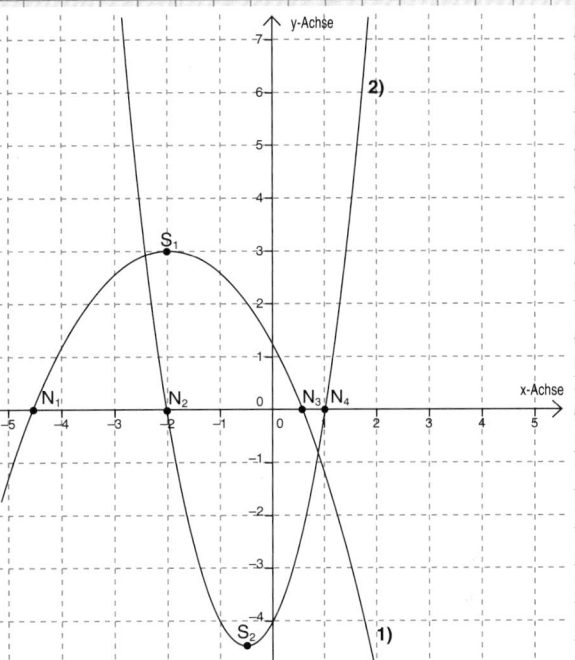

Da a positiv und > 1 ist, handelt es sich um eine gestreckte Normalparabel (sie ist nach oben offen).

Schnittpunkte mit der x-Achse:
1) $N_1(-4{,}5|0)$, $N_2(0{,}5|0)$; 2) $N_3(-2|0)$, $N_4(1|0)$

y	−3	−2	−1	0	1	2	3
$-0{,}5x^2 - 2x + 1$	2,5	3	2,5	1	−1,5	−5	−9,5
$2x^2 + 2x - 4$	8	0	−4	−4	0	8	20

1.
Übernimm die Parabeln aus dem Beispiel und zeichne zusätzlich die Punkte P_1, P_2 ein. Diese beschreiben den Schnittpunkt mit der y-Achse. Bestimme die Koordinatenwerte dieser Punkte durch Ablesen. Vergleiche anschließend deine Punkte P_1, P_2 durch Nachrechnen.

2.
a) $y = -0{,}5x^2 - 2x + 5$ b) $y = 4x^2 + 8x$ c) $y = 2x^2 - 8x + 6$

3.
a) $y = 3 \cdot (x - 1)^2 + 4$ b) $y = -0{,}25 \cdot (x + 4)^2 - 1$

4.
a) $y = 6x^2 + 3x - 1{,}5$ b) $y = -\dfrac{3}{2}x^2 - 6x - 7{,}5$

$P_1(-3|43{,}5)$ $P_2(4|-55{,}5)$ $P_3(0{,}5|1{,}5)$ $P_4(2{,}2|34{,}14)$ $P_5(1{,}3|2{,}64)$

$P_6(-1|1{,}5)$ $P_7(0|-7{,}5)$ $P_8(-1{,}8|-1{,}56)$ $P_9(-5{,}5|-19{,}85)$ $P_{10}(1|-15)$

Station 6
Sachaufgaben I

1. Gegeben ist die quadratische Funktion $y = -3{,}5x^2 + 1{,}75x + 10{,}5$.
   a) Forme die Funktionsgleichung in die Normalform um.
   b) Zeichne den Graphen der Funktion mithilfe einer Wertetabelle [−3, 3] und benenne N_1 und N_2.
   c) Bestimme aus der Zeichnung die Schnittpunkte mit der x-Achse und y-Achse.
   d) Berechne den Scheitelpunkt.

2. Wie lautet die Normalform einer nach unten geöffneten gestreckten Parabel, die mit dem Streckungsfaktor 1,2 gestreckt wurde und deren Scheitelpunktkoordinaten x um 5 Einheiten nach rechts und y um 4 Einheiten nach oben verschoben wurde?

3. Eine Parabel besitzt die Funktionsgleichung $y = 0{,}4x^2$. Gib den Funktionsterm an, wenn es sich um folgende Abbildungen handelt:
   a) Spiegelung an der x-Achse
   b) Spiegelung an der y-Achse
   c) 5 Einheiten entlang der negativen x-Achse verschieben
   d) 2,5 Einheiten entlang der positiven y-Achse verschieben

4. Zum Befeuchten von Früchteplantagen werden automatische Bewässerungsanlagen genutzt. Dabei wird aus kleinen Düsen Wasser vom Erdboden auf die Pflanzen gespritzt.
   Den Bogen, den das Wasser aus der Düse beschreibt ist eine Parabel mit der Funktionsgleichung $y = -0{,}35x^2 + 1{,}75x + 2{,}1$.
   a) Wie hoch ist der Wasserbogen an der höchsten Stelle?
   b) Nach welcher Entfernung trifft der Wasserstrahl von der Düse aus wieder auf den Boden?
   Zeichne und wähle passende Werte für die Wertetabelle.

Zusatzstation A
Nullstellen quadratischer Funktionen

Eine Stelle x auf der x-Achse, an der die Funktion den Wert Null annimmt nennt man **Nullstelle der Funktion** (oder wie bereits bekannt: Schnittpunkte mit der x-Achse). Bisher haben wir diese aus dem Graphen abgelesen. Dies ist allerdings nicht so einfach möglich, wenn die Nullstellen z. B. die Werte 2,781 oder $-\sqrt{5}$ annehmen. Nullstellen der quadratischen Funktion in Normalform $y = x^2 + px + q$ sind Lösungen einer quadratischen Gleichung $ax^2 + bx + c = 0$. Eine quadratische Funktion kann keine, eine oder zwei Nullstellen haben. Die Anzahl hängt von der Lage von S ab.

Beispiel: Bestimmte die Nullstellen der Funktion $y = 2x^2 + 6x - 4,5$. Umwandeln in Normalform: $y = x^2 + 3x - 2,25$. Anwendung der p-q-Formel mit $p = 3$, $q = -2,25$.

$$x_{1,2} = -\frac{3}{2} \pm \sqrt{\left(\frac{3}{2}\right)^2 + 2,25}; \quad x_{1,2} = -\frac{3}{2} \pm \approx 2,12; \quad x_1 \approx 0,62; \quad x_1 \approx -3,62;$$

$$N_1 (\approx 0,62 \mid 0); N_2 (\approx -3,62 \mid 0)$$

1.
a) $y = x^2 - 7x + 12,25$
b) $y = (x - 1,4)^2$
c) $y = -\frac{1}{9} \cdot (x - 3)^2 + 2$

d) $y = -2x^2 + 4x - 3$
e) $y = 0,5x^2 + \frac{3}{2}x - 2,1$
f) $y = 2 \cdot (x - 6)^2$

2.
a) $y = x^2 - 2x - 1,1$
b) $y = -0,5x^2 + 1$
c) $y = x^2 + 0,4x - 8,96$

3.
a) die Funktion keine Nullstelle hat.

b) die Funktion genau eine Nullstelle hat.

c) die Funktion zwei Nullstellen hat.

Zusatzstation B
Sachaufgaben II

Material

Aufgaben in Form von Anwendungs- und Sachaufgaben beinhalten einen Sachverhalt, eine mögliche Frage/Aussage sowie die durchgeführte Rechnung. Bei Sachaufgaben ist zusätzlich ein passender Antwortsatz zu formulieren.

1. Die Flugbahn eines Fußballs beim Abstoß des Torhüters lässt sich durch die quadratische Funktion $y = -0{,}02x^2 + x$ beschreiben. Nach wie viel Metern kommt der Ball wieder auf dem Boden auf?

2. Eine parabelförmige Baugrube mit Funktionsgleichung $y = 0{,}08x^2 - 0{,}96x - 5{,}12$ wird aus dem Erdreich ausgehoben.
    a) Wie lang ist die Baugrube?
    b) Wie tief ist die Baugrube?
    c) Erstelle eine Skizze und trage die Werte ein.

3. Von einer quadratischen Funktion sind folgende Werte gegeben:
   S (0,5 | 12,25), $N_1 = 4$, $N_2 = -3$, Schnittpunkt mit der y-Achse im Punkt (0 | – 12).
    a) Wie lautet die Scheitelpunktform?
    b) Wie lautet die Normalform?

4. Der Bogen einer parabelförmigen Hängebrücke wird durch die Funktionsgleichung $y = -0{,}05x^2 + 2{,}8x - 15$ beschrieben.
    a) Zeichne die Brücke mithilfe einer Wertetabelle [0, 60] in 5er-Abständen pro Kästchen, zeichne S und N_1, N_2 ein.
    b) Wie hoch ist die Brücke? Löse rechnerisch und wandle in die Scheitelpunktform um.
    c) Wie lang ist die Brücke?

5. Eine Garageneinfahrt hat die Form einer Parabel mit einer Höhe von 3,5 m und einer Breite von 3 m. Das Fahrzeug, welches die Einfahrt durchfahren soll ist 1,60 m breit und 2,35 m hoch. Passt das Fahrzeug durch die Einfahrt wenn es mittig fährt?

Zusatzstation C
Schnittpunkte quadratischer und linearer Funktionen

Schnittpunkte zwischen zwei Funktionen (zwei quadratischen Funktionen oder einer quadratischen und einer linearen Funktion) kann man rechnerisch durch „Gleichsetzen" lösen.

Beispiel: Bestimme den Schnittpunkt zwischen der
quadratischen Funktion $f(x) = 0{,}7x^2 + 2x - 1$
und der linearen Funktion $g(x) = 2x + 1$

Aus der Grafik können nur die ungefähren Koordinatenwerte für die beiden Schnittpunkte abgelesen werden, daher folgt eine rechnerische Lösung:

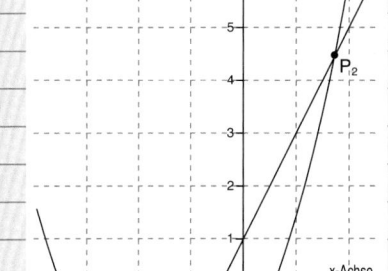

Gleichsetzen der Funktionen liefert:
$0{,}7x^2 + 2x - 1 = 2x + 1 \Leftrightarrow 0{,}7 x^2 = 2$
$x \approx \pm 1{,}69 \qquad x_1 = 1{,}69, \ x_2 = -1{,}69$

Einsetzen der x-Werte in die Gleichung liefert:
$P_1(-1{,}69 | -2{,}38)$
$P_2(1{,}69 | 4{,}38)$

Bemerkung: Funktionen können keinen, einen oder zwei Schnittpunkte haben.

1.
a) $f(x) = x^2 - 3x + 1$; $g(x) = 0{,}75x - 1{,}5$
b) $f(x) = -2{,}5x^2 - 2x + 3$; $g(x) = 0{,}5x + 4$
c) $f(x) = -0{,}3 \cdot (x + 0{,}2)^2 + 0{,}35$; $g(x) = -x - 3$
d) $f(x) = x^2 + 2x - 2{,}5$; $g(x) = -3{,}5$

2.
a) $f(x) = x^2 - 2x + 1$; $g(x) = 2x^2 + x - 3$
b) $f(x) = x^2 - 2x + 1$; $g(x) = -2x^2 + x - 3$
c) $f(x) = x^2 + 4x - 2$; $g(x) = x^2 + x - 3$
d) $f(x) = -0{,}5x^2 + 1{,}5x$; $g(x) = 2{,}5x^2 + 2x - 3$

3.
Daniel wirft einen Ball vom Punkt (0|0). Der Ball erreicht eine maximale Höhe von 5 m. Auf geradem Untergrund würde der Ball nach 30 Metern wieder auf dem Boden aufkommen, doch es besteht eine Steigung von 10 % ($m = \frac{1}{10}$).
a) Skizziere eine Grafik.
b) Nach wie viel Metern trifft der Ball auf den Boden bei der Steigung?
c) Wie hoch ist die Steigung beim Aufprall des Balls?

Abschließende Bündelung des Stationenlernens

Material

1. Welche dieser quadratischen Funktionen lassen sich mithilfe einer Parabelschablone zeichnen, welche nicht und wie kann man diese zeichnen? Beschreibe in Worten wie die einzelnen Parabeln ausschauen (Öffnung oben/unten, gestaucht/gestreckt/gespiegelt, verschoben um wie viel Einheiten auf der x- oder y-Achse).
   a) $y = x^2 - 8$
   b) $y = -0{,}25x^2 + 4$
   c) $y = -(x + 1{,}5)^2$
   d) $y = 2x^2 + 3$

2. Zeichne die folgenden Parabeln und bestimme Scheitelpunkt, Schnittpunkte mit der x-Achse (Nullstellen) sowie die Schnittpunkte mit der y-Achse.
   a) $y = (x + 2)^2 - 1{,}5$
   b) $y = 0{,}8x^2 + 3$
   c) $y = (x - 2)^2$
   d) $y = 1{,}2x^2 + 3x - 2{,}2$
   e) $y = -3{,}1 \cdot (x + 2)^2 - \frac{3}{10}$
   f) $y = -3x^2 - \frac{1}{10}x + 1$

3. In der Abbildung ist die Konstruktion einer Brücke mit negativem Streckungsfaktor 0,01 zu sehen.

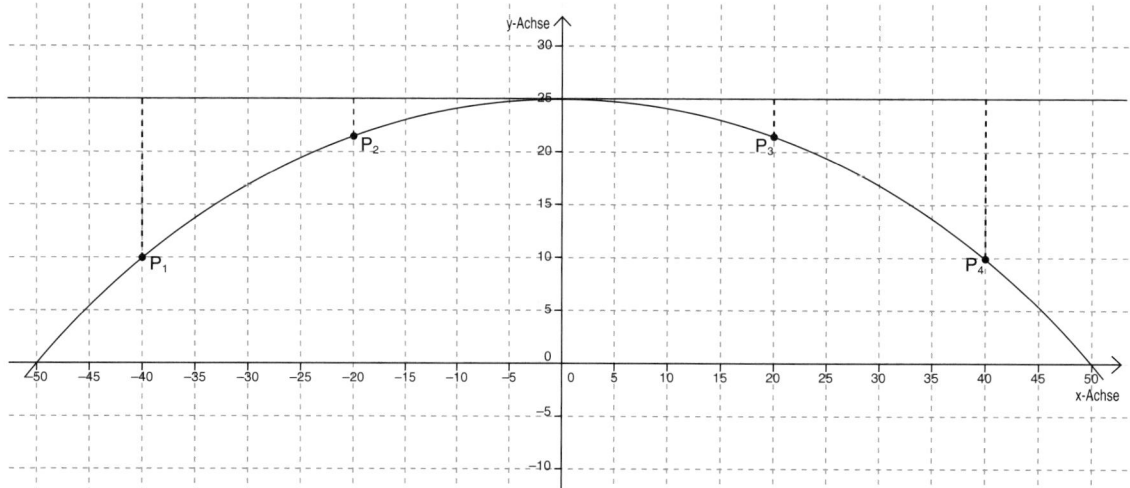

   a) Bestimme die Funktionsgleichung dieser Brücke.
   b) Wie lang ist die Brücke?
   c) An den Punkten P_1, P_2, P_3, P_4 wird die Brücke durch vier Stützen gestärkt. Bestimme deren Koordinatenwerte.
   d) Berechne die Länge der Stützen an den Stellen x = 20 und x = 40.

4. Welche Tatsachen gehören zu welcher Funktion? Verbinde.

• Scheitelpunkt (0|−3)	$y = (0{,}5x + 1)^2$
• Punkt (2|4) liegt auf der Parabel	$y = -0{,}02x^2$
• Funktion hat keine Schnittpunkte mit der x-Achse (Nullstellen)	$y = -0{,}4x^2 + 2x + 3$
• Funktion schneidet y-Achse bei (0|3)	$y = x^2 - 3$
• Funktion scheidet x-Achse an den Stellen − 2 und 2,5	$y = x^3 + 5 + 4{,}5x$
• Der Scheitelpunkt liegt im Ursprung	$y = (x - 2)^2 + 5$

5. Zeichne die Funktionen in ein Koordinatensystem. Gibt es Schnittpunkte? Wenn ja, bestimme diese rechnerisch.
   a) $f(x) = -0{,}5x - 0{,}5$; $g(x) = 1{,}8x^2 - 2x + 0{,}5$
   b) $f(x) = -0{,}8x^2 + 4$; $g(x) = (x - 1{,}5)^2 + 1$

Handlungsorientierte Materialien für den Mathematikunterricht!

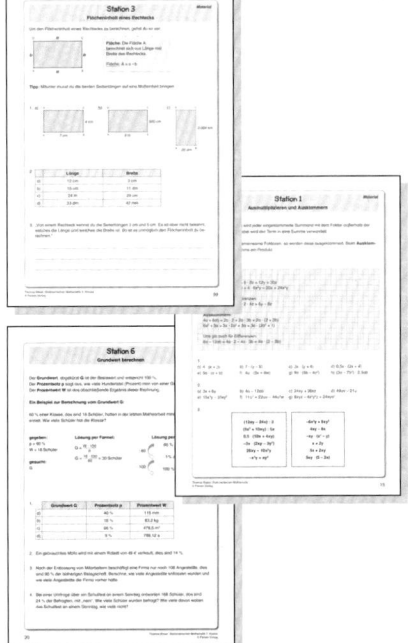

Thomas Röser

**Stationenlernen Mathematik
5. Klasse / 6. Klasse /
7. Klasse / 8. Klasse /**
Handlungsorientierte Materialien für einen leistungsdifferenzierten Unterricht

Mit den Bergedorfer Lernstationen ermöglichen Sie Ihren Schülern eigenverantwortliches, selbstgestaltetes und kooperatives Lernen. Zur Einführung werden Ihnen die Methode des Stationenlernens und deren praktische Umsetzung im Unterricht kurz erläutert. Im jeweiligen Praxisteil werden dann die wichtigsten Lehrplanthemen des Mathematikunterrichts in der 5., 6., 7. bzw. 8. Klasse behandelt. Jeweils vier bis neun Pflicht- sowie diverse Zusatzstationen führen Ihre Schüler an das jeweilige Thema heran. Die produktorientierte Ausrichtung und zahlreiche Möglichkeiten zur Binnendifferenzierung erleichtern es Ihnen, auch heterogene Lerngruppen für die Mitarbeit zu begeistern.
Differenziert unterrichten und eigenverantwortlich lernen im Mathematikunterricht!

5. Klasse: Zahldarstellungen, Addition und Subtraktion, Multiplikation und Division, Rechnen mit Größen, Geometrische Grundbegriffe, Flächeninhalt und Umfang
Buch, 107 Seiten, DIN A4, inkl. CD
Best.-Nr. 23331

6. Klasse: Teilbarkeit von Zahlen, Brüche und Dezimalbrüche, Grundrechenarten mit Brüchen, Grundrechenarten mit Dezimalbrüchen, Geometrische Grundbegriffe, Einfache Flächen und Körper
Buch, 107 Seiten, DIN A4, inkl. CD
Best.-Nr. 23360

7. Klasse: Zuordnungen, Prozentrechnung, Rationale Zahlen, Terme, Geometrische Figuren, Stochastik
Buch, 107 Seiten, DIN A4, inkl. CD
Best.-Nr. 23365

8. Klasse: Terme, Lineare Gleichungen und Funktionen – Prozent- und Zinsrechnung, Körper, Stochastik
Buch, 112 Seiten, DIN A4, inkl. CD
Best.-Nr. 23478

Christine Michel

Spiele zum Grundwissen Mathematik
20 Einzel-, Partner- und Gruppenspiele

Mit diesen Aufgaben entdecken Ihre Schüler, wie viel Spaß Mathe macht: Das Buch bietet einen spielerischen Zugang zu den Grundlagen der wichtigsten Themen des Matheunterrichts der 5./6. Klasse und fördert so das Verständnis mathematischer Sachverhalte. Übungsspiele für verschiedene Gruppengrößen helfen, Verständnisschwierigkeiten oder Wissenslücken aufzudecken und zu kompensieren. Die Spiele werden in unterschiedlichen Niveaustufen angeboten und sind in verschiedenen Stadien des Lernprozesses einsetzbar: von der Einführung eines jeweiligen Themas bis hin zur vertiefenden Übung.
Ob Freiarbeit oder Unterricht im Klassenverband – hier kommt Mathe ins Spiel!

Buch, 81 Seiten, DIN A4
5. und 6. Klasse
Best.-Nr. 350

Marco Bettner, Michael Körner

Stochastik in der Sekundarstufe
Wahrscheinlichkeitsrechnung, Kombinatorik und Statistik

In vielen Unterrichtsfächern und Berufsfeldern wird der kompetente Umgang mit Daten verlangt. Deshalb müssen Sie Ihre Schüler fit machen in Stochastik, Bruch- und Prozentrechnung sowie verschiedenen Diagrammtypen. Von den Grundlagen bis zum Erstellen von Baumdiagrammen und dem Auswerten einer Umfrage wird alles eingeführt und geübt. Und auch relative und absolute Häufigkeiten sowie Mittelwert, Spannweite und Varianz werden thematisiert. Eine Lernerfolgskontrolle dokumentiert den Lernstand.
Die vielseitigen Materialien für den kompetenten Umgang mit Wahrscheinlichkeiten, Statsikiken und Diagrammen!

Buch, 67 Seiten, DIN A4
5. bis 10. Klasse
Best.-Nr. 3708

Unser Bestellservice:

Das komplette Verlagsprogramm finden Sie in unserem Online-Shop unter

www.persen.de

Bei Fragen hilft Ihnen unser Kundenservice gerne weiter.

Deutschland: 040/32 50 83-040 · Schweiz: 052/366 53 54 · Österreich: 0 72 30/2 00 11

Mathematisches Grundwissen erfolgreich vermitteln!

Mathematisches Grundwissen für ALLE Schüler!

Grundwissen inklusiv
C. Spellner, C. Henning, M. Bettner, E. Dinges

Inklusionsmaterial
- **Bruchrechnung**
- **Körperberechnungen**
- **Größen**
- **Dezimalbrüche**
- **Prozent- und Zinsrechnung**

Inklusiver Mathematikunterricht ist möglich! Die Kopiervorlagen mit Übungen in diesen fünf Bänden helfen Ihnen – ergänzend zum Schulbuch – die mathematische Kompetenz aller Ihrer Schüler im Rechnen mit Brüchen, Körpern, Größen, Dezimalbrüchen oder Prozentanteilen und Zinsen zu vertiefen und zu festigen. Das übersichtlich strukturierte Material lässt sich sofort einsetzen und ermöglicht selbstständiges Erarbeiten und Wiederholen. Für Schüler mit sonderpädagogischem Förderbedarf stehen Arbeitsblätter bereit, die die Inhalte äußerst kleinschrittig und anschaulich vermitteln. Zusätzlich bieten Ihnen die Bände methodisch-didaktische Hinweise zum Einsatz der Materialien in inklusiven Lerngruppen und Hinweise zu den häufigsten Stolpersteinen beim Rechnen mit Brüchen, Körpern, Größen, Dezimalbrüchen oder Prozentanteilen und Zinsen. Alle Arbeitsblätter liegen als veränderbare Word-Dateien jeweils auf CD bei.

Vom Schüler mit besonderem Förderbedarf bis zum leistungsstarken Schüler: Mit diesen Materialien erlangen alle Ihre Schüler mathematisches Grundwissen!

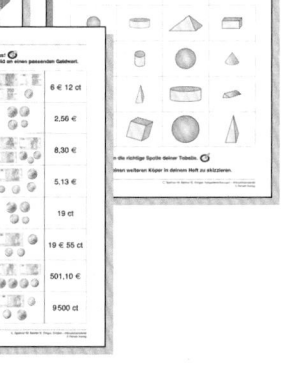

Bruchrechnung	**Körperberechnungen**	**Größen**	**Dezimalbrüche**	**Prozent- und Zinsrechnung**
Buch, 130 S., DIN A4, inkl. CD	Buch, 120 S., DIN A4, inkl. CD	Buch, 102 S., DIN A4, inkl. CD	Buch, 111 S., DIN A4, inkl. CD	Buch, 111 S., DIN A4, inkl. CD
5. und 6. Klasse	6. bis 10. Klasse	5. und 6. Klasse	5. bis 7. Klasse	6. bis 9. Klasse
Best.-Nr. 23358	Best.-Nr. 23430	Best.-Nr. 23413	Best.-Nr. 23481	Best.-Nr. 23531

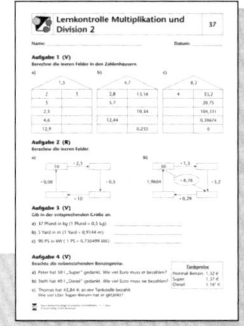

Marco Bettner, Erik Dinges
Grundwissen Dezimalbrüche
5. bis 7. Klasse

Die sofort einsetzbaren Arbeitsblätter bieten eine umfangreiche Aufgabensammlung zum Thema Dezimalbruchrechnung. Der Einführungsteil hilft, die Dezimalschreibweise und das Umwandeln von Brüchen in Dezimalbrüche zu verstehen. Zahlreiche Aufgaben zum Rechnen mit Dezimalbrüchen sowie zu periodischen Dezimalbrüchen in ansteigendem Schwierigkeitsgrad schließen sich an. In 2 Differenzierungsstufen erarbeiten sich die Schülerinnen und Schüler ein solides Grundwissen. Lernkontrollen zu jedem Abschnitt helfen, individuelle Defizite zu erkennen und zu beheben.
Leicht verständlich beigebracht: Rechnen mit Dezimalbrüchen!

Mappe mit Kopiervorlagen, 61 Seiten, DIN A4
5. bis 7. Klasse
Best.-Nr. 2663

Unser Bestellservice:

Das komplette Verlagsprogramm finden Sie in unserem Online-Shop unter

www.persen.de

Bei Fragen hilft Ihnen unser Kundenservice gerne weiter.

Deutschland: 040/32 50 83-040 · Schweiz: 052/366 53 54 · Österreich: 0 72 30/2 00 11